專為身高85～135cm孩子
設計的29款舒適童裝與雜貨

易學好上手
的韓系童裝

——
作者序

　　20 年前，我偶然得到了一台縫紉機，但之後逐漸將其遺忘。隨著孩子的誕生，將塵封已久的縫紉機褪去灰塵重現江湖，再度發揮其應有的功能。

　　自己的手藝雖然生疏，卻仍不知不覺地陶醉在我要親自縫製衣服為孩子穿上的想法中。找到了新的興趣後，自己雖然覺得訝異，但它卻為我孤單寂寞的育兒時光增添了極大的樂趣。

　　因此自然而然地開始向周遭的人們聊起了有關針線活的事，我在他們的支持和讚美聲中得到勇氣，開設了一家小型縫紉工坊 'BON BON VIE'。在工坊裡遇見許多人，和大家一起製作服裝，以及在談天中所分享的事情都能使我獲得大大的幸福感。

　　因此，我也有了這樣的念頭：「想要與更多人分享這些為女兒做的衣服。如果某一天，能夠把裝滿和女兒 Ga Yeon 共同回憶的衣服們編輯成書時，我會把這本書送給寶貝女兒。」沒想到在因緣際會之下，我實踐了這個夢想。

　　書籍製作過程，要準備的事情非常多，歷經了整整一年的時間。

在這段期間，孩子又長大了許多。

而今，當書籍問世後，我希望可以與女兒 Ga Yeon 隨心所欲愉快地玩耍，也希望能縫製出更多漂亮的衣服為她穿上。

媽媽長期以來為 Ga Yeon 做的衣服經出版成書後，若能夠讓其他孩子也一起來穿的話，將會是一件多麼有意義的事啊！我也希望 Ga Yeon 能為此感到驕傲。另外，我想對無時無刻都在身旁支持我的家人們說聲感謝，也謝謝這些日子以來與 'BON BON VIE' 共度歡樂時光的所有人。希望往後也能繼續為自己和家人親手縫製衣服，並且將這樣的幸福時光與更多人分享。

為了完成這本書，在寫書途中獲得了很多人的幫助及與許多人合作的經驗。從一開始的籌劃到最後的收尾階段，以及為體諒新手作家，一手包辦所有雜活的出版社，在此我想向你們致上無盡的感謝。

Yang Seyeon

DRESS

—

洋 裝

TOP & OUTER

— 上衣

07
亞麻襯衫

30
124

08
可愛上衣

32
128

09
簡約風
T恤

34
132

10
摺邊上衣

38
134

11
寬版T恤

40
136

12
蕾絲雪紡衫

42
138

13
有領背心

44
140

14
帶帽斗篷

46
144

15
雙排釦大衣

48
148

16
兩面穿
有領夾克

52
154

17
小精靈夾克

54
158

PANTS & SKIRT

—

下著

18
網紗裙

58
162

19
褲裙

62
164

20
簡約基本款
童裙

64
166

22
簡約基本款童褲

68
170

23
緊身褲

70
172

21
三角裙

66
168

24
喇叭褲

72
174

PROPS
—
配件

25
小貓玩偶

76

178

26
貓玩偶洋裝

77

180

27
躲貓貓布屋

78

182

28
雙面環保
購物袋

80

186

29
改良家居鞋

82

188

DRESS

—

洋裝

01

平 領 洋 裝
Flat Collar Dress

How To Make
102p

是一款藉由圓形平領營造出端莊氛圍的洋裝。
裙子上豐富質感的抓皺,另增添了風采。
自然起皺的水洗亞麻布料,更能給人自然舒適的感覺。

02
荷 葉 邊 洋 裝
Ruffle Dress

是一款用浪漫的花朵紋布料製作而成的洋裝。
材質寬鬆輕盈，可輕鬆地在家穿著，
外搭夾克或開襟羊毛衫後，亦可作為外出服。

How To Make
106p

03

圍裙洋裝

Apron Style Dress

搭配在其他衣服上能展現出可愛的氣息。
可輕鬆穿著於做料理或美勞活動時，
除了是時尚單品外，還可當作遊戲圍裙使用。

How To Make
110p

How To Make
112p

04

T 恤 洋 裝

T-shirts Dress

將 T 恤樣式的長度做改變的話，可輕鬆變換為適合穿著的洋裝。
利用零碎布料製作綁帶繫於洋裝上，可將活潑有生氣的亮點展現出來。
是一款亮麗、實用又魅力滿點的服裝。

05
綁帶洋裝
Ribbon Dress

是一款透過可拆式綁帶，在簡約樣式上增添魅力的魔法洋裝。
將綁帶繫於肩膀或是腰部，可分別呈現出不同的感覺；
若將綁帶拆下，還可呈現出簡約的氣息，共可變換出三種不同的風貌。
運用亞麻製成的蕾絲布料，可展現簡單自然又不失華麗的風格。

How To Make
116p

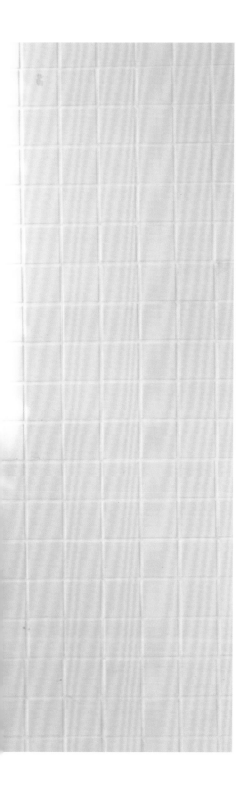

06

韓 服 洋 裝

Hanbok Dress

是一款既高雅又充滿古典美的
韓服,改良為現代化日常服裝
趨勢的洋裝。
牛仔布料與純白棉質布料的
搭配,呈現了既舒適又端莊的氣息。

How To Make
120p

透過蕾絲布料增添可愛氣息，是這款服裝獨有的亮點。
它也是一款不論在平時或是特別的日子裡，
皆適合穿著的特色洋裝。

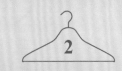

TOP & OUTER

—

上衣

07

亞 麻 襯 衫
Linen Shirt

How To Make
124p

是一款以亞麻布料製成，既自然又不失高雅的襯衫。
經處理過的布料具有柔軟的觸感，是很受歡迎的手作服飾材料。
雖是長袖但透氣性良好，即使在夏天也可以穿得涼爽，
且可與任何類型的下著完美搭配，
會是個讓您愛不釋手的時尚單品。

08

可愛上衣

Cute Blouse

How To Make
128p

其樣式為無袖上衣,是一款在炎熱的夏天裡可單穿,
亦可在天氣冷颼颼時,當外搭衫一起穿著的單品。
以斜線剪裁收合的服裝背面,呈現截然不同的風格。
在後襟部位繫上蝴蝶結,可展現出不一樣的感覺。

09

簡 約 風 T 恤

Easy T-shirts

是一款穿起來輕鬆舒適的短袖 T 恤。
以簡約的樣式做設計，在短時間內即可輕鬆完成。
使用針織布料可讓活動時靈活方便，
而條紋布料則能營造出輕快俐落的感覺。

How To Make
132p

10

摺邊上衣

Frill Blouse

How To Make
134p

穿上有可愛摺邊裝飾的衣服，是小女孩們獨享的權利。
如同模特兒所穿，將袖子和腰部都縫上摺邊；
或是在兩者中擇其一，亦可製作出專屬於孩子的可愛上衣。
製作時雖耗時費力，但孩子們穿上衣服後展露的幸福笑顏，
足以大大地彌補所花費的那些心力與時間。

How To Make
136p

11

寬版 T 恤

Loose-Fit T-shirt

身體部分和袖子以同一樣式設計而成，
是一款不僅製作簡單，穿起來也很靈活方便的 T 恤。
尤其在寬鬆的衣服上以側開衩點綴，更加顯出饒富趣味的小細節。
只需將領子加以更改，即可輕鬆變換成高領 T 恤。

12

蕾絲雪紡衫
Lace Blouse

以雪白蕾絲布料製成的服裝，散發出純潔燦爛的氣息，
讓孩子們穿上後更加耀眼。
為了在陽光炙熱的天氣裡，依然可以穿得涼爽，
特別設計成寬鬆的樣式。

How To Make
138p

13
有領背心
Collar Vest

是一款既能保暖也能散發可愛氛圍的熱門單品。
稍微包覆臀部的長度設計,展現了柔和感,
縫上領子後更顯特別。
與任何類型的便服皆可完美輕鬆穿搭,
也很適合與韓服洋裝作搭配。

How To Make
140p

14

帶帽斗篷

Hood Cape

是一款就連小魔女都想擁有的可
愛帶帽斗篷。與其他沒有袖子設
計的斗篷不同，藉由寬袖和抓皺
的後身片，能讓下襬更顯寬闊的
設計，提升了活動的靈活度。
帽子裡布的花紋圖案，以經常與
魔女一起行動的小貓為主角，完
成了讓您不得不愛的小魔女裝
扮。

How To Make
144p

15

雙排釦大衣

Double-Breasted Coat

在外觀看起來厚重的毛呢大衣上，以圓領和皺褶作點綴，
突顯了可愛與淑女的氣質。
製作一款在寒冬裡媽媽溫暖縫製的大衣吧！
剛好合身的媽媽牌愛心大衣，能讓孩子在寒冷的天氣裡
依然能屹立不搖，成為那位最耀眼的冬季潮服小達人。

How To Make
148p

16

兩面穿有領夾克
Reversible Collar Jacket

How To Make
154p

是一款兩面皆可穿的實用羽絨夾克。
以 3 盎司棉花絎縫而成的棉質羽絨布料製作，穿起來既輕盈又不失保暖。
將四合釦運用在門襟部分，可使兩面換穿更有變化。

17

小精靈夾克
Fairy Jacket

是一款透過尖角造型帽，打造成童話故事中精靈樣子的夾克，趣味滿點。
便於換季時穿搭，特別設計成寬鬆的款式。
且為了使夾克的兩面能分別營造出不同的感覺，
門襟部分也以不同的樣式製作而成。

How To Make
158p

PANTS & SKIRT

—

下著

18

網紗裙

Tulle Skirt

裙襬搖搖，可愛的網紗裙是小女孩們最喜歡的時尚單品。
網紗布料因為不會造成線條走樣，製作起來輕鬆簡單。
模特兒所穿的網紗裙，是由 4 層的網紗布料製作而成。
若想擁有更具豐富質感的裙子，可使用 6 層的網紗布料疊合製作。

How To Make
162p

19

褲裙
Culottes

兼具裙子和褲子優點的褲裙
是既美麗又實用的單品。
為了突顯裙子所散發的淑女風，
及提升孩子穿搭後活動時的靈活度，
特別設計了足夠的裙長。

How To Make
164p

20

簡約基本款童裙

Basic Skirt

是一款小女孩們不可或缺的單品，也是最容易製作的童裝。
與雪紡衫、T恤、外套等許多服裝都能完美搭配。
隨著選用布料的差異，可呈現出各種不同的感覺。

How To Make
166p

How To Make
168p

21
三角裙
Gored Skirt

是一款下襬展開，具豐富質感的淑女風單品。
此裙子由許多布片連接而成，
既可由單款布料營造出有層次的感覺，
也可透過變換其中一布片來突顯亮點。
把製作其他服裝時所剩的布片拼接起來，
還可營造出復古風。

簡約基本款童褲
Basic Pants

為了能讓孩子活動時靈活舒適，
將最基本款的褲子設計成寬鬆的樣式。
隨著選用布料的不同，
除了可製作成穿搭舒適的家居服外，
也可將孩子變身為出色的小小時尚達人。

How To Make
170p

以彈性布料製成的緊身褲，穿起來舒適方便，
對於生活自由自在、活動量大的孩子們來說，
是一款不可或缺的單品。
若以多元色調製作的話，
還可與 T 恤或雪紡衫搭配出多種風格。

23

緊身褲

Leggings

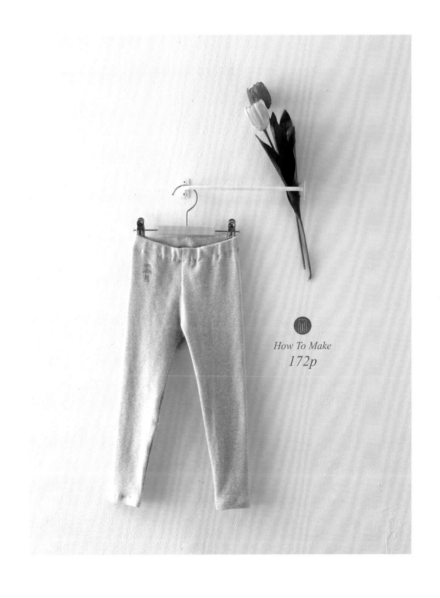

How To Make
172p

How To Make
174p

24

喇叭褲

Flare Pants

Flare Pants 又名喇叭褲，
因具有經典魅力，近年來深受許多人的喜愛。
寬鬆的褲管加上外擴的下襬，
穿上喇叭褲後不僅活動靈活，
更可讓孩子散發可愛俐落的氣質。

PROPS

4

配件

25

小 貓 玩 偶
Cat Dolls

這是為喜歡小貓的女兒所製作的玩偶。
不一定要是小貓，深受孩子們喜歡的小狗、小兔子、
小恐龍等玩偶，都可以試著製作看看。
由媽媽親手縫製的話，
對孩子來說，除了會是個獨具特色的玩具外，
也必定能成為難忘的回憶。

How To Make
178p

How To Make
180p

26

貓 玩 偶 洋 裝
Cat Doll's Dress

製作完孩子的衣服後，剩下的零碎布料不要丟棄，
可留下來製作玩偶的衣裳。
孩子們若看見與自己同款衣服的小貓玩偶，
一定會開心得不得了。

How To Make
182p

27

躲貓貓布屋
Fabric Hiding House

孩子們喜愛玩捉迷藏,
喜歡到處尋找能把自己小小身軀藏起來的溫馨空間。
試著為孩子打造一個夢幻小屋吧!
若透過媽媽的巧手來完成小屋,
為孩子們展開想像翅膀的絕妙空間即可應運而生。
躲貓貓布屋的佈置和搬動都很方便,可置放在上下鋪雙人床下或書桌底下,
也可掛在房門上或牆上作裝飾用。

28

雙面環保購物袋
Reversible Eco Bag

是一款可用來整理孩子們的小玩具，
也可在外出時，用來裝物品的兩面用環保購物袋。
利用製作服裝時剩下的零碎布料，
創造一個獨一無二的媽媽牌愛心提袋吧！

How To Make
186p

29

改 良 家 居 鞋

Reformed Shoes

How To Make
188p

想將媽媽的愛心傳遞到孩子小小的腳趾上嗎？
不妨將家居鞋加以改造，製作一款專屬於孩子的鞋子吧！
與孩子一起動手做的話，不僅充滿樂趣，也能成就感加倍。

BASIC

—

縫紉的基礎

準備用具

Sewing Tools

縫份尺；定規尺

熨斗定規（縫份燙尺）

曲線尺（袖攏尺）

裁縫剪刀

強力夾　　布鎮

各種線（縫紉線）

家用剪刀（一般用於剪紙）

布用膠

滾邊器

線剪

裁縫隱形畫粉

水消筆

珠針和針插

裁縫捲尺

拆線器

氣消筆

鉛筆

錐子

粉筆

縫份尺；定規尺（grading ruler）
用來畫版型的直線或縫份。尺薄易彎曲，便於測量曲線樣板的長度。

熨斗定規（縫份燙尺）
便於使用在對下襬、袖口等部位做縫份燙摺的時候。此外，亦可用於將布料邊角熨燙成彎曲形狀時。

裁縫剪刀
裁剪布料時使用。最佳的使用方法為僅用來專門裁剪布料。為避免破壞刀刃，請勿使用裁縫剪來裁剪紙張。

家用剪刀（一般用於剪紙）
用來裁剪畫有版型的紙用不織布或紙張。請將裁剪布料的剪刀和裁剪紙型的剪刀區分開來使用。

曲線尺（袖攏尺；arm hole ruler）
雲尺、火腿尺等統稱為曲線尺。用來畫版型的袖攏、領口等曲線部位。

滾邊器
是用來製作滾邊的工具，用途為將布料分成 4 等份，並熨燙成滾邊條使用。

裁縫隱形畫粉和粉筆
裁縫隱形畫粉和粉筆，用來在布料上標示縫線位置或對合記號。
裁縫隱形畫粉是用蠟所製成的一種畫筆，其優點為順滑好畫及熨燙時畫線會自然消失；但顏色一概為白色，因此不易使用在白色的布料上。
裁縫粉筆在市面上則有各式各樣的顏色，若要使用在亮色系布料上的話，選擇適當顏色的粉筆使用即可。由於粉筆所畫的記號在洗滌後可能會殘留，使用粉筆做記號時請務必畫在布料的反面。

線剪
用來修剪線頭或裁剪縫線。

布用膠
用在珠針難以使用的部位，或是需將材質較薄的布料固定的時候使用。
洗滌後其痕跡雖會消失，但為了避開縫線處，建議將其使用在縫份內側為佳。

強力夾
可用來固定冬季布料或羅紋布等，珠針難以固定的布料。

布鎮
繪製版型或裁剪布料時，為避免互相擠壓導致位置跑偏，可使用布鎮來固定。

各種線（縫紉線）
40 番 2 股線、30 番包芯線、透明縫線、針織用縫線（例：尼龍線）、氨綸絲（萊卡彈性纖維）、刺繡十字繡線、絲線等各種線，建議依照裁縫布料的種類，與所要製作服裝的特性來選擇適當的縫紉線。

裁縫捲尺
主要用來測量身材尺寸。此外，亦可用來測量紙型的曲線長度。

拆線器
用來拆除縫錯欲修改的線，或在開鈕眼時使用。

錐子
用於抓皺後進行車縫，衣服翻面整理邊角時。

水消筆
是一種遇水後記號會消失的水性筆。裁縫後進行洗滌時記號會自然消失，因此便於使用在車縫。但偶爾有無法消除導致痕跡留下的情況，請謹慎小心地使用在布料的反面。

氣消筆
是一種暴露在空氣中一段時間後，記號會自然消失的筆。無需另外擦拭筆跡，使用方便。用於描繪線條後立即進行裁縫的部分。

珠針和針插
珠針是用來把要車縫的布料相互固定，或是將事先抓好的皺褶固定起來，亦或是標示中心點等主要部位時不可或缺的工具。珠針經常與針插搭配使用（即珠針通常都是插在針插上的）。

鉛筆
用於直接繪製樣板，或是將版型繪於紙用不織布上時使用。

有關實物紙型的部分，常會出現將多種尺寸的版型印在同一張紙上的情況。

紙型的用法為選擇所需的尺寸後，將其繪於他處使用，

一般主要以不易撕裂的紙用不織布來繪製，繪圖時紙型的圖案能透出不織布顯現出來。

先將紙用不織布放於紙型上，並用布鎮固定防止其移動，

再使用曲線尺和縫份尺等工具依照紙型繪製。

若是多個版型印製在一起看起來很複雜的情況，則先將前中心點和後中心點，以及最長的直線畫出。

抓到中心點後，沿著邊角繪製較為方便。描繪印製複雜的紙型時，可用色鉛筆或螢光筆將所要描繪尺寸的紙型事先標示出來後再進行繪製。

1

裁剪適當大小的紙用不織布後，將其置於實物紙型上，並沿著所需版型的完成線來描繪。

2

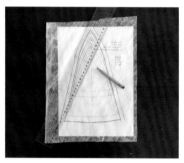

參考裁剪配置圖，在完成線外圍畫出縫份。

3

在縫份外圍預留一些空間後，將紙用不織布大略剪下。

4

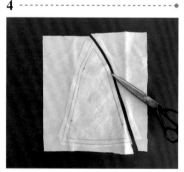

將紙用不織布置於布料上後，對齊完成線插上珠針將其固定。

沿著不織布上所畫的縫份線將布料和不織布一起剪下。

TIP 完成線不需另外畫在布料上，將布料邊緣對齊縫紉機針板上的1cm標示線後再進行裁縫的話，即可照著完成線車縫出來。

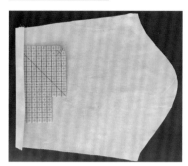

下襬、袖口等部位須做縫份燙摺
時，可藉由熨斗定規的輔助事先
熨燙過後再進行車縫。

繪製版型時，袖山與中心點等原
先被標在紙型上的對合記號，務
必要標示出來。把畫在紙用不織
布上的樣版描繪在布料上時，在
對合記號相應的地方剪 2～3mm
牙口，可便於確認。

實物紙型的用語和記號

紙型用語

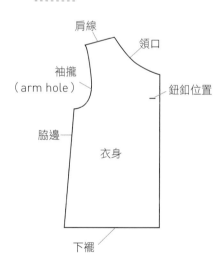

衣身

肩線
領口
袖襱
（arm hole）
鈕釦位置
脇邊
下襬

袖子

袖山
前　　後
袖管
袖口

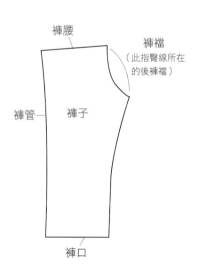

褲子

褲腰
褲襠
（此指臀線所在
的後褲襠）
褲管
褲口

紙型記號

縮燙記號　　　直布紋記號　　　對合記號　　　縮縫記號　　　摺邊
（單摺記號）

車縫的邊緣以 Z 字形縫法或包邊縫（overlock）環繞處理，可將凌亂的邊緣俐落收尾，亦可防止脫線。使用拷克機進行包邊縫收尾為最佳，若無拷克機的話使用家用縫紉機採 Z 字形來處理即可。

包邊縫法與 Z 字形縫法的比較

 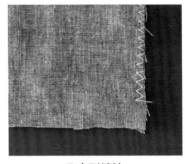

包邊縫法（拷克）　　　　　　　Z 字形縫法

除了製作過程中個別提及的情況以外，衣服縫製時產生的縫份全都整理成向著穿衣時的背面為佳，例：肩線、袖攏底端側邊、褲管、袖管的縫份。
褲襠、臀線的縫份調整成左右相交的話，在車縫時會較為順利，使用裡布縫製的兩層衣服則以落機縫縫合，且須留意避免縫份變厚。

1

將裡布及表布正面相對重疊後，沿著完成線進行車縫。

2

沿著完成線外緣以包邊法（拷克）處理縫份。

滾邊的部分可購買現成的滾邊條來使用，或是裁剪布料親手製作。

製作滾邊

自製滾邊則依照裁縫方式（內弧度滾邊、外弧度滾邊）將布料摺成 3 等份或 4 等份，經熨燙後使用。
製作 4 摺份（摺成 4 等份）的外弧度滾邊時，利用滾邊器來製作會方便許多。
滾邊器有 12mm、18mm、25mm 等多種尺寸，處理衣服縫份時以使用 18mm 的滾邊器最為常見。

1

把製作滾邊的布料裁剪好後，穿入滾邊器寬度較寬那側的洞裡。
利用錐子將布料往滾邊器寬度較窄那側的洞裡推，再將布料抽出熨燙，使布料兩端可沿中央線對摺。

2

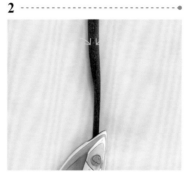

將中央線再次往內對摺後進行熨燙。

外弧度滾邊

是一種在衣服的內側和外側皆可看見的滾邊，主要用於處理領口、配件的邊緣。

1

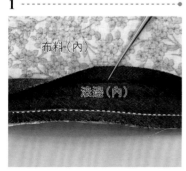

布料（內）
滾邊（內）

將分成 4 等份且經熨燙後的滾邊外側面（正面）往布料的內側面（反面）疊合，沿著滾邊最外側的燙線進行車縫。

2

布料（外）

將布料翻過來使布料的正面向外露出後，把滾邊往上摺，並用滾邊將縫份包覆摺起。

3

布料（外）
滾邊（外）

沿邊內縮 2mm 處壓線車縫收尾。

寬度為 3cm 的滾邊，是一種用來整理縫份，只有在衣服內側（反面）才看得見滾邊的方法。常用於處理領口、袖攏之類的縫份。

1

將滾邊的正面疊合於布料的正面上。

2

在滾邊的 1/3 處沿著要縫上滾邊的地方進行車縫。

3

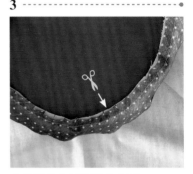

在縫份的曲線裡側剪出牙口。

4

將布料翻過來使布料的反面向外露出後，用滾邊將縫份包覆摺起。

5

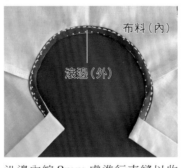

沿邊內縮 2mm 處進行車縫以收尾。

6

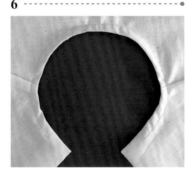

在布料的正面是看不到滾邊的。

接著襯

口袋袋口、縫有鈕釦的門襟等會持續受力的地方，或是沿布料斜線方向裁剪的肩線處、加縫一層薄布料之類的情況，建議在布料內側（反面）貼上接著襯以防止布料磨損破裂、鬆弛，以及變形扭曲。
肩線或拉鍊的縫份等部位使用裁成寬 1cm 的軌道襯來處理較為方便。

裁剪用接著襯

將接著襯裁剪成與縫份相同寬度後，燙貼在口袋袋口、衣服的開衩部位。

軌道襯

肩線等較窄的縫份部位使用軌道襯較為方便。

1

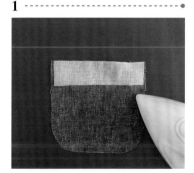

將沾有黏膠的接著襯反面疊合於布料的反面後，加上充足蒸氣熨燙，黏膠就會融化貼合於布料上。

關於衣服開衩部位，側邊和下襬皆要做處理。
此時由於雙重摺疊邊角可能會變厚，依下列方式處理，整理起來可較為簡潔俐落。

1

在開衩處的內側面（反面）貼上
接著襯。

2

將開衩處的側邊往內摺兩次並進
行熨燙，下襬方面則是在處理縫
份後往內摺一次並進行熨燙。

3

將布料翻過來使布料的外側面（正
面）向外露出。
再將剛才摺了兩次的縫份之其中
一摺向外翻，並車縫下襬部分。
此時，沿著步驟2中所摺出的下
襬線進行車縫，且僅縫合到與縫
份一樣的寬度。

4

在車縫線下方把縫份處下襬的最
外側部分保留後，剪去其餘部分
避免重疊。

5

將布料翻過來使布料的內側面（反
面）向外露出後，再次把縫份往
內摺以做整理 。

6

沿邊車縫側邊以收尾。

抓皺

皺褶可分為用手抓皺和用縫紉機抓皺兩種方式。
手抓皺為用手抓住布料的皺褶並以珠針固定後,直接進行車縫的方式。
使用縫紉機抓皺的方法如下:

1

在要用來抓出皺褶的布料邊緣以
間隔 5mm、15mm 的距離,並
設針距為 4.5mm 車縫兩道縫線。
此時不需做回針的動作。

2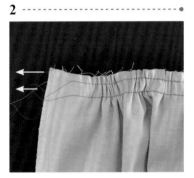

把兩條縫線從一邊拉著,將布料
往內側擠以抓出皺褶。皺褶抓出
後將縫線兩端打結,避免皺褶鬆
開。

3

把抓出皺褶的布料車縫 1cm 縫份
以固定皺褶。此時,可利用錐子
漂亮地抓出皺褶形狀後進行車縫。

4

步驟 3 的車縫線　5mm 抽褶線

在步驟 1 裡車縫的兩道縫線中,
15mm 那條線因為會在衣服外側
被看見,所以在進行車縫後須將
其拆除。

口袋依照製作的方式和外觀的形狀，可分為許多種類。
有立式口袋、接縫口袋、有蓋口袋、接襠口袋等，下列所舉的貼式口袋製作起來簡單容易，
是縫製小孩衣物時最常使用的方式。

1

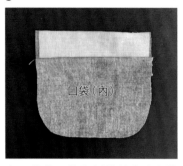

在口袋袋口的內側縫份處貼上接著襯。

2

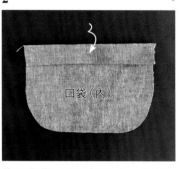

將口袋袋口往內摺兩次，長度分別為 1cm 及 2cm，並進行熨燙。

3

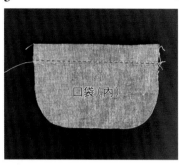

在口袋摺邊開口內縮 2mm 處縫合固定。

4

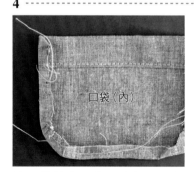

將口袋的左、右、底部往內摺 1cm 並進行熨燙。

此時，下方邊角的曲線部分以針距 4.5mm 車縫一條線後，將縫線稍微拉出皺褶便可呈現柔美的曲線。

5

在欲縫上口袋的位置放上口袋後，將左、右、底部沿邊內縮 5mm 進行車縫加以固定 。

6

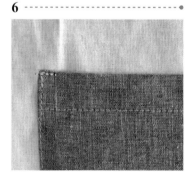

在口袋袋口的左、右側水平車縫 5mm，能更牢固地固定口袋。

利用零碎布料製作的綁帶或蝴蝶結,可運用在洋裝或雪紡衫上來突顯重點裝飾。
像腰帶之類必須做成長條狀的綁帶,則以沿著布料的直布紋方向裁剪製作為佳。

1

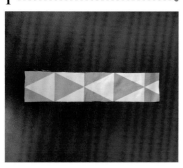

依所要製作之綁帶的 2 倍寬度將
布料裁剪下來。

2

將布料的外側面(正面)對摺後,
以水平方向直線車縫。

TIP 綁帶的長度較短時,可不預留開
口進行車縫,再從兩端翻面;長度
較長時,則先在中段部分預留開口
後,再把其餘部分車縫起來,翻面
時較為方便。

3

翻回正面後進行熨燙。

4

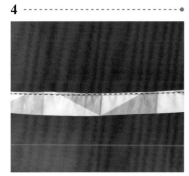

在經車縫過的那側邊內縮 2mm
處車縫收尾。

把 2 片布料重疊後進行車縫，並透過預留的開口將布料翻回正面後，
在必須要縫合開口時以藏針法縫合。
將 2 片布料的縫份熨燙整理後再縫，以免針腳外露。

1

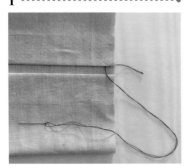

把縫線穿過縫針並在縫線尾端打
結，將縫針由開口末端的布料裡
側向外穿出。

TIP 事先將布料熨燙並抓出尖角，操
作起來會方便許多。

2

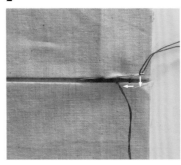

縫針垂直向下刺穿並進入另一側
的布料後，縫一針向外拉出。

3

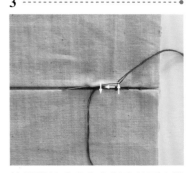

接著縫針垂直向上刺穿並再次進
入另外一側的布料後，縫一針向
外拉出。

4

重複步驟 2 ～ 3 縫合開口。

使用縫紉機'自動開釦眼'功能,可輕鬆製作出釦眼。
用於開釦眼的布料若因較薄或因具有伸縮彈性導致縫紉不易時,可在布料背面襯著紙張操作以便裁縫,
襯著的紙張在縫紉完成後撕下。

1

把要使用的鈕釦放入釦眼壓腳的
鈕釦座。

2

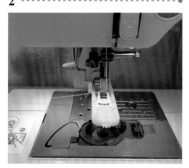

將釦眼壓腳裝入縫紉機後,把縫
紉機開釦眼的拉柄掛在釦眼壓腳
上。

3

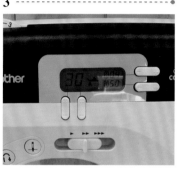

縫紉機的模式請以想要製作的釦
眼樣式來選擇。

4

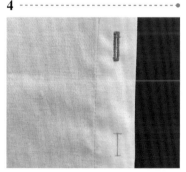

對齊欲開釦眼的位置車縫出釦眼。

5

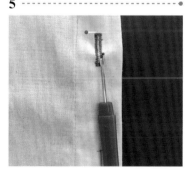

利用拆線器將車縫範圍內的布料
裁開露出釦眼。

TIP 在釦眼上方插上珠針,以防釦眼
被破壞。

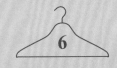

HOW TO MAKE

—

製作方法

版型尺寸參考表　單位：cm　體重：kg

實物大小紙型尺寸	90	100	110	120	130
年齡	3~4 歲	4~5 歲	5~6 歲	6~7 歲	7~8 歲
身高	85~95	96~105	106~115	116~125	126~135
體重	13	16	19	22	25
胸圍	52	54	57	60	64
腰圍	47	49	51	53	55
臀圍	52	56	60	64	68
頭圍	50	51	51	52	53
肩寬	25	27	29	31	33
背長	24	26	28	30	32
袖長	30	33	36	39	42

範例
・實物大小紙型的完成線是以不包含實際縫份為主的情況下所繪製的。
（縫份相關內容請參考各作品的樣式配置圖）
・裁剪配置圖是以最大尺寸 130 的情況繪製而成。
・試穿模特兒的身高為 101cm，體重 14kg，穿著以實物大小樣版 100 的尺寸進行拍攝。

01
平領洋裝

難易指數 ★★★★☆

準備材料：水洗亞麻布料、滾邊布料、接著襯、鈕釦
實物大小紙型：A面

Dress
12p

裁剪配置圖

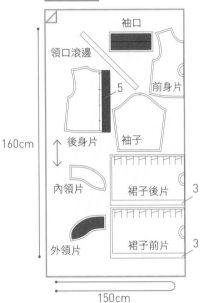

160cm

150cm

- 標示以外的縫份皆為 1cm
- ▬▬▬ 貼上接著襯的地方

各尺寸的滾邊裁剪

童裝尺寸	90	100	110	120	130
滾邊	43 × 3cm	44 × 3cm	46 × 3cm	48 × 3cm	49 × 3cm

How To Make

1

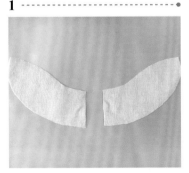

在外領片的反面貼上接著襯。

2

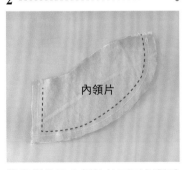

將外領片及內領片的正面相對重疊後，車縫領子的外圍。

3

僅保留 5mm 的縫份並剪掉其餘部分，在曲線處剪出牙口。

4

翻面熨燙後，外圍沿邊內縮 2mm 壓線固定。

5

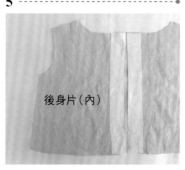

在後身片兩側門襟處的反面燙貼上寬 5cm 的接著襯。

6

將門襟開口處內摺兩次，分別摺 2cm 及 3cm，並進行熨燙。

7

將前身片及後身片的正面相對重疊並車縫肩線，縫份以拷克處理。

8

將兩邊領子的起點置於前身片的中央，沿邊內縮 5mm 處將領子縫在前身片及後身片的正面。

9

將內弧度滾邊環繞於領子上端及領口後，進行車縫。
先將步驟 6 中摺了兩次的後襟開口向外翻摺一次後，再把滾邊的正面疊合於身片的正面。

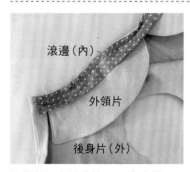

沿著領口在滾邊的 1/3 處車縫。
從其中一側門襟開口經由兩邊領子到另一側門襟開口的整個部分都進行車縫。

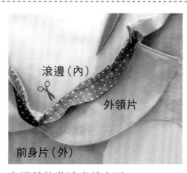

在縫份的曲線處剪出牙口。

在身片的內側 (反面) 用滾邊將縫份包覆摺起後，沿邊內縮 1mm 處進行車縫。

參考：P92 內弧度滾邊

10

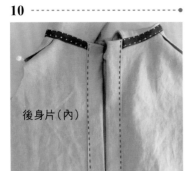

將後襟打摺的部分，沿邊內縮
2mm 處進行車縫。

11

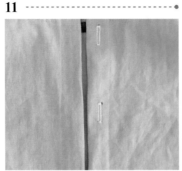

在後襟的釦眼位置上開釦眼。

12

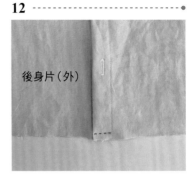

調整布料使後襟的下端部分重疊
3cm，並在內縮 5mm 處車縫。
TIP 使身片的正面向外露出，釦眼向
上將布料疊放後進行車縫。

13

前身片及後身片的正面相對重疊
並車縫側邊，縫份拷克處理。

14

把袖子的正面對摺並車縫袖管後，
縫份拷克處理。

15

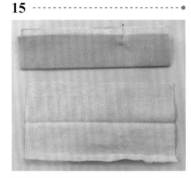

在袖口反面貼上接著襯後，摺出
袖口的中央線並熨燙，再由其一
長邊的邊緣往內摺 1cm 後熨燙。

16

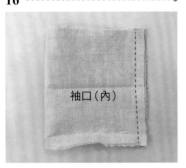

將袖口對摺並進行車縫，將縫份
燙開。

17

把袖口套上袖子，使袖口的外側
（正面）相對於袖子的內側（反面）
進行車縫。此時，將步驟 15 中內
摺 1cm 的另一側進行車縫。

18

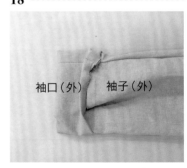

把袖子及袖口的正面向外翻後，
用袖口將袖子的縫份包覆摺起。

沿著步驟 15 中所摺出的線條將袖口邊緣摺起，並在內縮 2mm 處進行車縫。

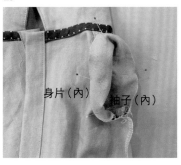

身片（內）　袖子（內）

將袖子套入身片袖圍內，使身片的正面和袖子的正面相對後，對齊對合點並加以固定。

身片（內）　袖子（內）

車縫一圈後，縫份拷克處理。

TIP 由於袖子長度比袖攏長，車縫時先將袖子拉到身片後再進行車縫為佳。裁縫時注意在布面上不要有皺褶出現。

20

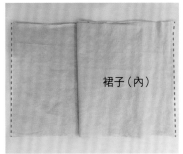

裙子（內）

將前裙片及後裙片的正面相對並車縫兩側，縫份拷克處理。

21

裙子（內）

將裙子下襬在反面內摺兩次，分別為 1cm 及 2cm 並進行熨燙，沿邊壓線固定。

22

裙子（外）

將裙子翻回正面後，抓出上方的皺褶以珠針固定，在內縮 5mm 處進行車縫。

23

裙子（內）

把身片的正面和裙子的正面相對重疊。將前後、兩側的中心相對齊並以珠針固定後進行車縫，縫份拷克處理。

24

身片（外）

裙子（外）

將縫份往身片方向倒並進行熨燙，在正面內縮 2mm 處壓線固定。

25

依紙型位置縫上鈕釦即完成。

難易指數 ★★★★☆

荷葉邊洋裝

準備材料：40 番棉質布料、滾邊布料、接著襯、彈性縫線
實物大小紙型：E 面

裁剪配置圖

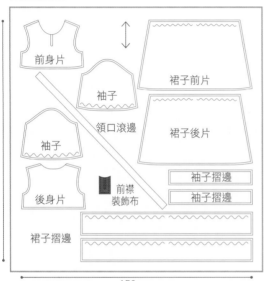

170cm

前身片

袖子

裙子前片

領口滾邊

裙子後片

袖子

後身片

前襟
裝飾布

袖子摺邊

袖子摺邊

裙子摺邊

150cm

- 標示以外的縫份皆為 1cm
- ■■ 為貼上接著襯的地方

Dress 14p

各尺寸的滾邊裁剪

童裝尺寸	90	100	110	120	130
滾邊	108 × 4cm	110 × 4cm	112 × 4cm	113 × 4cm	115 × 4cm

How To Make

1

在前襟裝飾布的反面貼上接著襯。

2

在左、右側往內各摺 5mm，底端
往內摺 1cm 後進行熨燙。

3

前身片（外）　前襟裝飾布（內）

把前襟裝飾布的正面疊合於前身
片的正面後，車縫門襟邊線。

4 ------------------------------

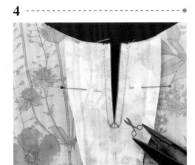

剪開門襟處，在彎曲部分剪出倒
Y形牙口。

5 ------------------------------

在前身片的反面把前襟裝飾布向
外上翻。將步驟2中所摺出的縫
份往內摺，並沿邊內縮2mm車
縫固定。

6 ------------------------------

將前身片及後身片的正面相對並
車縫肩線，縫份拷克處理。

7 ------------------------------

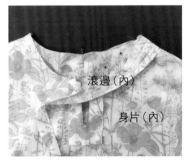

將外弧度滾邊環繞於領口並進行
車縫。先把滾邊熨燙成4等份以
作準備。滾邊的正面相對於前身
片的反面後，以珠針固定。

TIP 將滾邊中心和後身片中心對齊並
加以固定，使得在環繞完領口後多
餘的滾邊能用作綁帶。

沿著領口車縫滾邊的內側1cm
處。

在身片的正面用滾邊將縫份包覆
摺起。並將滾邊的起頭端和尾端
往內摺1cm。

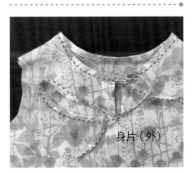

從滾邊的其中一側邊緣開始，經
過領口到滾邊的另一側邊緣為止，
在內縮1mm處車縫固定。

參考：P91 外弧度滾邊

8 ------------------------------

將前身片及後身片的正面相對並
車縫側邊，縫份拷克處理。

9 ------------------------------

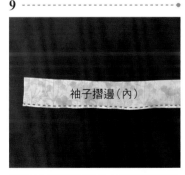

將袖子摺邊的下方在反面摺兩次
5mm後進行車縫。

10

袖子摺邊(外)

在袖子摺邊上端以針距寬 4mm 直線車縫一道並抽出皺褶。皺褶抓出後把長度調整成跟袖口一樣長。

11

袖子（外）

袖子摺邊(內)

將袖子的正面和袖子摺邊的正面相對重疊並車縫，縫份拷克處理。

12

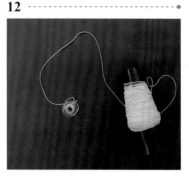

將彈性縫線捲上底線線軸作準備。
TIP 捲線時稍微把線拉一下。

13

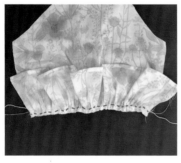

放入底線後，沿著步驟 11 車縫過的袖子及袖子摺邊再進行車縫。此時，在起點和終點處保留 7cm 長的彈性縫線車合。
TIP 底線使用彈性縫線，上線則使用一般縫線。將梭殼的螺絲稍微調鬆，且不需做回針的動作。

14

袖子（內）

將袖子的正面對摺並車縫袖管後，縫份拷克處理。

15

將彈性縫線的兩端交叉綁起來後，把剩下的一般縫線和彈性縫線修剪掉。

16

身片（內）

袖子（外）

將袖子套入身片袖圍處，使身片正面和袖子正面相對。對齊對合點並進行車縫，縫份拷克處理。

17

裙子（內）

將前裙片及後裙片的正面相對重疊並車縫兩側後，縫份拷克處理。

18

裙子摺邊(內)

把 2 片裙子摺邊的正面相對重疊並車縫兩側後，縫份拷克處理。

19

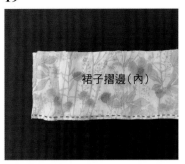

將裙子摺邊的下襬在反面摺兩次 5mm 後進行車縫。

20

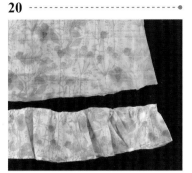

在裙子摺邊的上端以針距寬 4.5mm 直線車縫一道後抽出皺褶。皺褶抓出後把長度調整成跟裙子下襬一樣長。

21

把裙子的正面和裙子摺邊的正面相對重疊並車縫，縫份拷克處理。此時，先將前後中心和兩側邊以珠針固定後，每間隔 7cm 再以珠針固定並進行車縫。

22

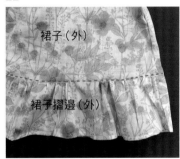

將縫份往裙子方向倒並進行熨燙後，在正面內縮 2mm 處壓線固定。

23

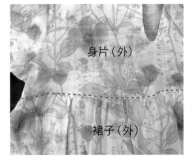

在裙子的上端以針距 4.5mm 直線車縫兩道線（分別內縮 5mm 和 15mm）並抽出皺褶。

24

把身片的正面和裙子的正面相對，前後中心和兩側邊對齊重疊，並車縫一圈後，縫份拷克處理。

25

將縫份往身片方向倒並進行熨燙後，在正面內縮 2mm 處壓線固定即完成。

圍裙洋裝

難易指數 ★☆☆☆☆

準備材料：棉質或亞麻布料、滾邊布料、接著襯
實物大小紙型：A 面

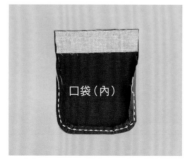

Dress
18p

裁剪配置圖

身片
（前 / 後）

滾邊

110cm

3

口袋

150cm

- 標示以外的縫份皆為 1cm
- ███ 為貼上接著襯的地方

各尺寸的滾邊裁剪

童裝尺寸	90	100	110	120	130
滾邊	284 × 3cm	298 × 3cm	313 × 3cm	328 × 3cm	343 × 3cm

How To Make

1

口袋（內）

在口袋袋口反面貼上寬 3cm 的接著襯。

2

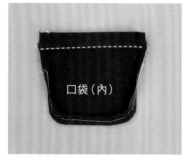

口袋（內）

將口袋的左、右、底端往內各摺 1cm 並進行熨燙。底端曲線部分以針距 4.5mm 進行車縫後，將縫線邊緣拉出皺褶後進行熨燙。

參考：P96 製作口袋

3

口袋（內）

將口袋袋口內摺 2 次，分別為 1cm 及 2cm 並熨燙，沿邊內縮 2mm 處進行車縫。

4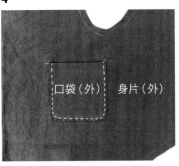

在前身片的正面放上口袋後，在左、右、底端內縮 2mm 處壓線把口袋車縫上。

5

車縫肩線使身片的正面相對，肩膀部位相交重疊後車縫，縫份拷克處理。

6

用內弧度滾邊環繞身片邊緣並進行車縫。

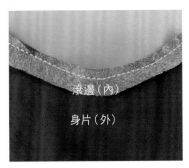

先將身片的正面和滾邊的正面相對後，在滾邊的 1/3 處進行車縫。

TIP 將滾邊的起點位於背面下襬等較不顯眼之處為佳。

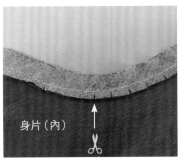

在領口、袖攏、下襬等縫份的曲線處剪出牙口。

在身片的反面用滾邊將縫份包覆摺起。

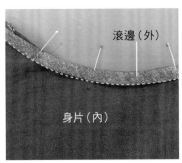

沿邊內縮 1mm 處車縫。

參考：P92 內弧度滾邊

7

進行熨燙即完成。

04

T恤洋裝

難易指數	★☆☆☆☆

準備材料：40番單面針織布料、滾邊布料（40番
單面針織布料）、綁帶布料、接著襯、
針織專用縫針、針織用縫線

實物大小紙型：B面（前身片和後身片的紙型相同，
選擇一個使用即可。）

Dress
20p

裁剪配置圖

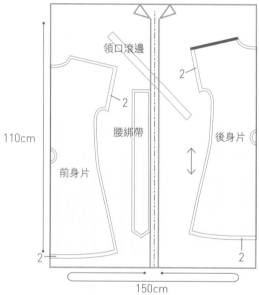

領口滾邊

2

2

腰綁帶

後身片

110cm

前身片

2

2

150cm

- 標示以外的縫份皆為 1cm
- ▬▬ 為貼上接著襯的地方

How To Make

各尺寸的布料裁剪

童裝尺寸	90	100	110	120	130
滾邊	44 × 3cm	45 × 3cm	47 × 3cm	49 × 3cm	50 × 3cm
綁帶（包含縫份）	55 × 5cm	57 × 5cm	59 × 5cm	61 × 5cm	63 × 5cm

1

後身片（內）

在後身片反面的肩膀縫份貼上寬
1cm的接著襯。

TIP 用針織布料做成的衣服，其肩線
等以斜線方向裁剪的部位容易鬆弛，
必須貼上接著襯。

2

前身片（內）

將前身片及後身片的正面相對重
疊並車縫肩線後，縫份拷克處理。

3

前身片（內）

以Z字形或包邊縫（拷克）處理
袖口的縫份。

4

將內弧度滾邊環繞於領口並進行車縫。先將身片的正面和滾邊的正面，相對重疊並加以固定。此時，將滾邊起點往內摺 1cm。

沿著領口在滾邊的 1/3 處進行車縫。此時，再將終點疊合在起點上方 1cm 處後縫合。

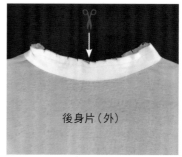

在縫份的曲線處剪出牙口。

用滾邊將領口的縫份包覆摺起。

在身片的反面沿邊內縮 1mm 車縫以收尾。

參考：P92 內弧度滾邊

5

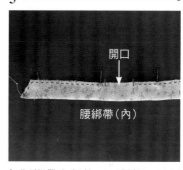

把腰綁帶布料的正面對摺，並預留 5cm 的開口後，將其餘部分車縫起來。

6

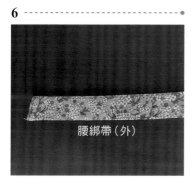

將綁帶翻正面熨燙後，沿邊內縮 1mm 壓線縫合固定。此時，預留的開口也一併縫合。2 片綁帶皆以相同方式處理以作準備。

7

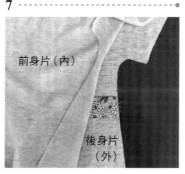

將前身片及後身片的正面相對重疊後，對齊綁帶位置將腰綁帶放入兩身片間。

8

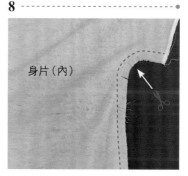

車縫袖攏和側邊後，在袖攏曲線處剪出牙口。

9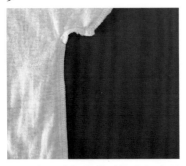

以 Z 字形或包邊縫（拷克）處理袖攏和側邊的縫份。

10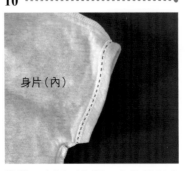

身片（內）

將袖口在反面內摺一次後進行車縫。

11

身片（內）

以 Z 字形或包邊縫（拷克）處理下襬的縫份，並在反面內摺一次後進行車縫以收尾。

TIP 有彈性的針織布料在裁縫時，使用針織專用縫針，底線使用針織用縫線為佳。針織布料在車縫時容易因鬆弛產生皺褶，只要以蒸氣熨燙即可恢復原狀。

05
綁帶洋裝

難易指數 ★★★☆☆

準備材料：棉質或亞麻布料（蕾絲）、接著襯、鈕釦
實物大小紙型：B 面

Dress
22p

裁剪配置圖

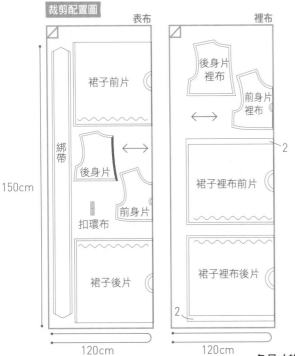

表布
裙子前片
綁帶
後身片
扣環布
前身片
裙子後片
150cm
120cm

裡布
後身片裡布
前身片裡布
2
裙子裡布前片
裙子裡布後片
2
120cm

- 標示以外的縫份皆為 1cm
- ▬▬▬ 為貼上接著襯的地方

各尺寸的綁帶裁剪

童裝尺寸	90	100	110	120	130
綁帶（含縫份）	130 × 8cm	132 × 8cm	135 × 8cm	138 × 8cm	142 × 8cm

How To Make

1

後身片表布(內) 後身片表布(內)

在表布後身片兩側開口處（門襟）的反面貼上寬 1cm 的接著襯。

2

後身片表布（內）

將表布前身片及後身片的正面相對重疊並車縫肩線。

3

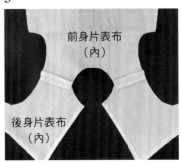

前身片表布（內）

後身片表布（內）

將肩膀部位的縫份燙開。裡布也以相同方式處理以作準備。

4

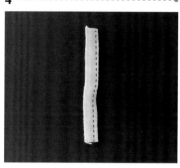

將扣環布摺成 4 等份的長條狀後，沿邊內縮 1mm 處車縫。

5

將扣環對摺置於裡布正面的後襟左側邊角處後，暫時固定。

身片表布（外）
身片裡布（外）

將表布及裡布的正面相對重疊，並車縫兩側門襟和領口。

身片表布（內）

6

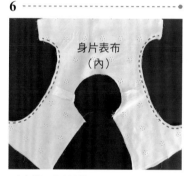

再車縫兩側袖攏。

身片表布（內）

7

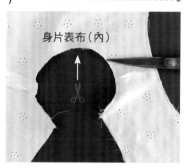

將步驟 5～6 車縫過的所有縫份僅保留 5mm 並剪去其餘部分後，在曲線處剪出牙口。

身片表布（內）

8

將身片翻回正面後，進行熨燙並整理縫份。

身片表布（外）

9

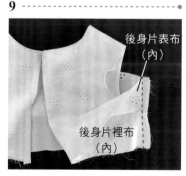

將身片表布及裡布的正面相對重疊並車縫側邊。

後身片表布（內）
後身片裡布（內）

10

調整布片使後襟的下端部分重疊 4cm，並在內縮 5mm 處車縫。

後身片表布（外）

11

將裙子裡布前片、後片的正面相對重疊並車縫兩側邊後，縫份拷克處理。

裙子裡布（內）

12

將裙子裡布的下襬在反面內摺兩次1cm並進行熨燙後，車縫固定。

13

將裙子表布的正面相對並車縫兩側邊後，縫份拷克處理。

14

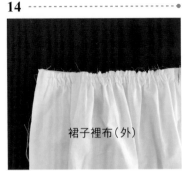

在裙子裡布的上端標出裙子的前後中心，以針距4.5mm直線車縫兩道線（分別為5mm、15mm）並抽出皺褶。

15

按照步驟14的方法將裙子表布也抽出皺褶。

16

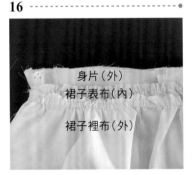

在身片標出前後中心後，將身片、裙子表布、裙子裡布對齊中心依序重疊。

17

將步驟16中重疊的布料對齊邊線並進行車縫後，縫份拷克處理。

18

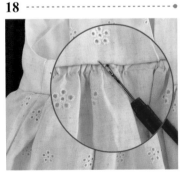

將露出在正面的15mm皺褶縫線拆除。

19

將縫份往身片方向倒並熨燙後，在正面內縮2mm處壓線固定。

20

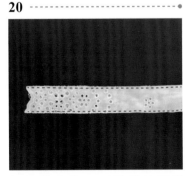

把綁帶布的正面對摺並預留10cm的開口後，從反面將其餘部分車縫起來。翻回正面進行熨燙，沿上下邊內縮2mm處壓線固定。

縫上鈕釦以收尾。
將綁帶如圖示繫於門襟開口處，
或是繫於腰部、肩膀部位以作裝
飾。

韓 服 洋 裝

難易指數 ★★★★★

準備材料：棉質或亞麻布料、蕾絲布料（外罩裙）
實物大小紙型：D 面

裁剪配置圖 洋裝（表布／裡布）

下襬摺邊後片
外門襟綁帶
下襬摺邊前片
前身片
2
後身片
裙子前片
後身片
袖子
150cm
內門襟綁帶
3
前身片
裙子後片
160cm
150cm

外罩裙
綁帶
裙腰
外罩裙
180cm

Dress
24p

• 標示以外的縫份皆為 1cm
• ▬▬ 為貼上接著襯的地方

How To Make

1

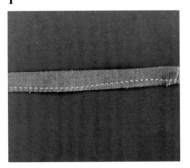

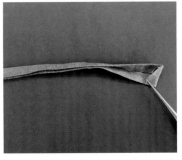

將綁帶共摺成 4 等份並進行熨燙，沿邊內縮 1mm 處壓線固定。

此時，將綁帶由其中一端的邊緣處往內摺 1cm 再壓線。將 4 片綁帶皆以相同方式處理以作準備。

2

後身片表布
（內）

前身片表布
（內）

將表布前身片及後身片的正面相對重疊並車縫肩線後，縫份燙開以落機縫處理。

3 - ●

裡布前身片及後身片的肩線也以相同方式進行車縫。

4 - ●

將身片表布及裡布的正面相對重疊後，將袖子攤開放入身片間。再將裡布及表布的肩線和袖子的中心對齊加以固定並進行車縫。此時，袖子的正面面向身片表布的正面。

5 - ●

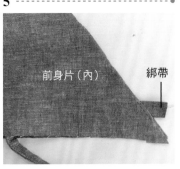

在前身片的兩側邊緣各放入一條綁帶並加以固定。此時，將步驟1中未內摺1cm的那端放入片間。

6 - ●

車縫前襟和領口，並在縫份的曲線處剪出牙口。

7 - ●

分別車縫表布及裡布的側邊。

將裡布前身片及後身片的正面相對重疊並車縫側邊。此時，在領口向上的狀態下，將綁帶穿入右側邊後進行車縫。

8 - ●

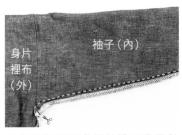

將表布前身片及後身片的正面相對重疊並車縫側邊。此時，將綁帶穿入左側邊後進行車縫。

在身片的反面車縫袖管並將縫份拷克。在袖攏底部縫份處剪出牙口。

9 - ●

將袖口內摺兩次，分別為1cm及2cm並進行熨燙後，以車縫固定。

10

裙子前片
（內）

將裙子前片的直角邊從反面內摺
兩次 1cm 並熨燙後，車縫固定。

11

裙子前片
（內）

將裙子前片及後片的正面相對重
疊並車縫後，縫份拷克處理。

12

下襬摺邊前片
（內）

將下襬摺邊後片及前片的正面相
對重疊並車縫側邊後，縫份拷克
處理。

13

下襬摺邊前片（內）

展開下襬摺邊後，將左、右、底
端在反面內摺兩次 5mm 後進行
車縫。

14

裙子前片（內）

下襬摺邊前片（內）

在下襬摺邊的上端以針距 4.5mm
直線車縫一道線後抽出皺褶。皺
褶抓出後把長度調整成跟裙子下
襬一樣長。

15

裙子（外）

下襬摺邊（內）

將裙子的正面和下襬摺邊的正面
相對重疊並進行車縫後，縫份拷
克處理。

16

裙子（外）

下襬摺邊（外）

將縫份往裙子方向倒並進行熨燙，
在正面沿邊內縮 2mm 處壓線固
定。

17

裙子（內）

在裙子的上端以針距 4.5mm 直
線車縫兩道線（分別為 5mm、
15mm）並抽出皺褶。皺褶抓出
後，將裙子的正面和身片的正面
相對重疊並車縫，縫份拷克處理。
TIP 分別在裙子和身片標出中心，對
齊中心和兩側邊後進行車縫。

18

身片（外）

裙子（外）

將縫份往身片方向倒並進行熨燙
後，在正面沿邊內縮 2mm 處壓
線固定即完成。

外罩裙

1

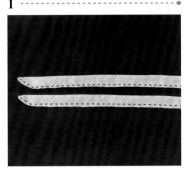

將綁帶正面相對對摺並預留 10cm 的開口後，將其餘部分車縫起來。翻回正面進行熨燙，沿邊內縮 2mm 處壓線固定。

2

摺出裙腰的中央線後進行熨燙，並將其中一側的下襬往內摺 1cm 後熨燙。

3

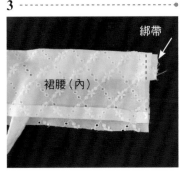

將裙腰的正面對摺，且在兩端穿入綁帶並加以固定。此時，穿入的是綁帶呈現平頭狀（非尖頭狀）的部分。

4

把步驟 2 中往內摺 1cm 處以外的兩側邊車縫起來。

5

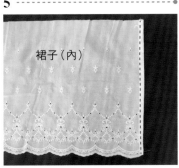

將裙子的兩側邊在反面內摺兩次 1cm 後，進行熨燙並車縫固定。

6

在裙子的上端以針距 4.5mm 直線車縫一道線並抽出皺褶。皺褶抓出後把長度調整成跟裙腰一樣長。

7

將裙腰翻回正面後做整理。

8

將裙子的反面和裙腰（步驟 2 中未進行熨燙的那側）相疊合並進行車縫。

9

將裙子上端的縫份倒向裙腰內，並在步驟 2 中內摺過的邊往內縮 2mm 處壓線固定收尾。此時，側邊也以壓線處理。

07
亞麻襯衫

難易指數	★★★☆☆

準備材料：水洗亞麻布料、滾邊布料、接著襯、鈕釦
實物大小紙型：F 面

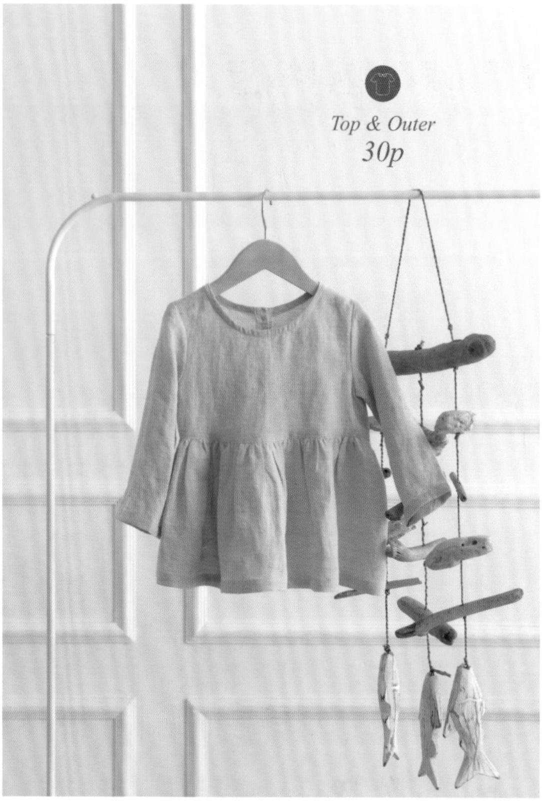

Top & Outer
30p

裁剪配置圖

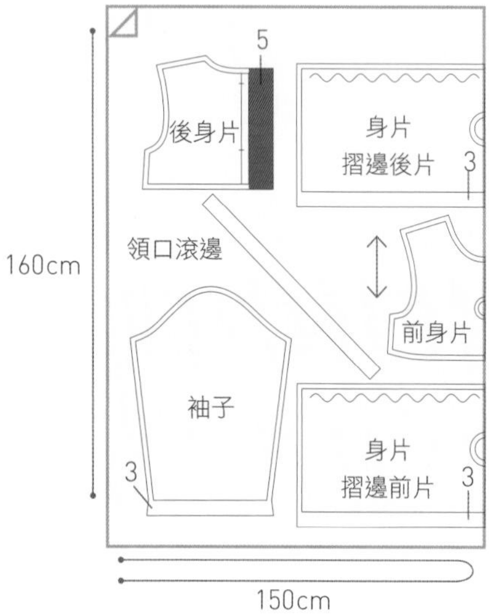

5
後身片
身片
摺邊後片
3
領口滾邊
前身片
袖子
3
身片
摺邊前片
3
160cm
150cm

• 標示以外的縫份皆為 1cm
• ▬ 為貼上接著襯的地方

各尺寸的滾邊裁剪

童裝尺寸	90	100	110	120	130
滾邊	44 × 3cm	45 × 3cm	47 × 3cm	49 × 3cm	50 × 3cm

How To Make

1

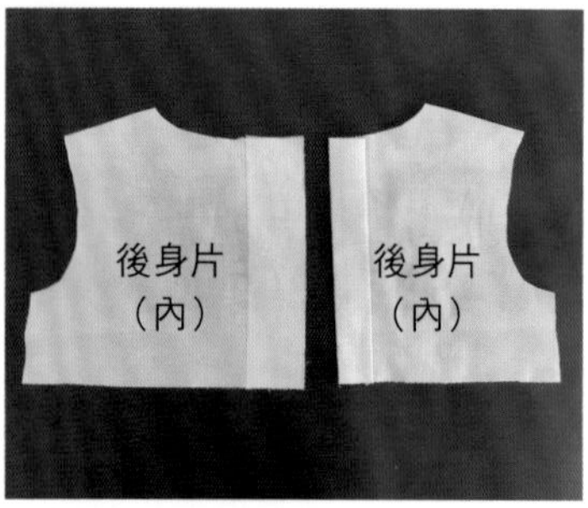

後身片
（內）
後身片
（內）

在後身片兩側門襟處的反面貼上寬 5cm 的接著襯後，內摺兩次，分別為 2cm 及 3cm 並進行熨燙。

2

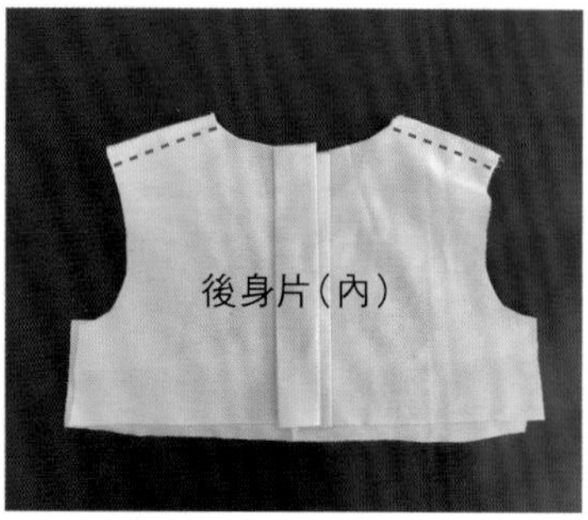

後身片（內）

將前身片及後身片的正面相對重疊並車縫肩線，縫份拷克處理。

3

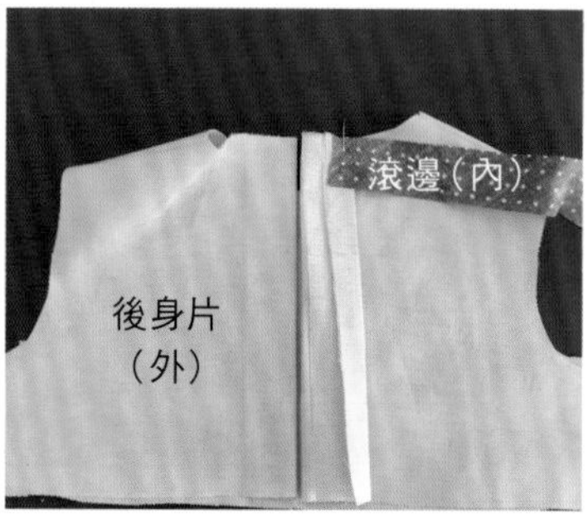

滾邊（內）
後身片
（外）

將內弧度滾邊環繞於領口並車縫。先將步驟 1 中摺了兩次的後襟開口向外翻摺一次後，再把滾邊的正面疊合於身片的正面 。

沿著領口在滾邊的 1/3 處進行車縫。此時，使滾邊的起點和終點兩端與後襟打摺的部分僅重疊 1cm 後車縫到底。

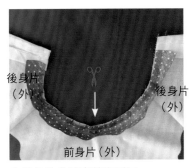

在縫份的曲線處剪出牙口。

在身片的反面用滾邊將縫份包覆摺起。

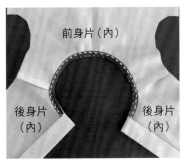

沿邊內縮 1mm 處進行車縫以收尾。

參考：P92 內弧度滾邊

4

將後襟內摺的部分沿邊內縮 2mm 處車縫固定。

5

將前身片及後身片的正面相對重疊並車縫側邊後，縫份拷克處理。

6

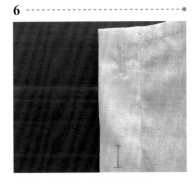

在後襟的釦眼位置上開釦眼。

7

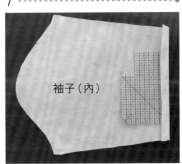

將袖口在反面內摺兩次，分別為 1cm 及 2cm，並進行熨燙。

8

將袖子的正面對摺並車縫袖管後，縫份拷克處理。

9

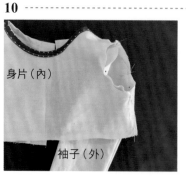

將步驟 7 中內摺的袖口沿邊內縮 2mm 處進行車縫。

10

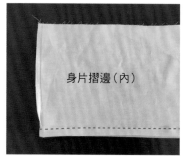

將袖子放入身片袖攏間，使身片的正面和袖子的正面相疊合。

對齊對合點並進行車縫後，縫份拷克處理。

11

將身片摺邊前片、後片的正面相對重疊並車縫兩側邊後，縫份拷克處理。

12

將身片摺邊的下擺在反面內摺兩次，分別為 1cm 及 2cm 並進行熨燙後，車縫固定。

13

在身片摺邊的上端以針距 4.5mm 直線車縫兩道線（分別為 5mm、15mm）並抽出皺褶。皺褶抓出後把長度調整成跟身片一樣長。

14

對齊身片及身片摺邊的中心，使正面相對重疊並進行車縫後，縫份拷克處理。

15

將摺邊往身片方向倒並進行熨燙後，在正面內縮 2mm 處壓線固定。並將露出在正面的 15mm 皺褶縫線拆除。

16

後襟鈕眼對應位置縫上鈕釦即完成。

08
可愛雪紡衫

難易指數 ★★☆☆☆

準備材料：40番或60番棉質布料、滾邊布料、接著襯、鈕釦

實物大小紙型：G面

Top & Outer
32p

裁剪配置圖

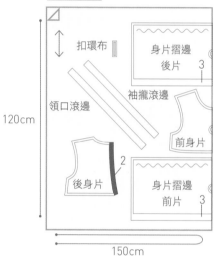

120cm

扣環布

身片摺邊 後片 3

袖攏滾邊

領口滾邊

前身片

後身片 2

身片摺邊 前片 3

150cm

• 標示以外的縫份皆為1cm
• ■ 為貼上接著襯的地方

各尺寸的滾邊裁剪

童裝尺寸	90	100	110	120	130
領口滾邊	44×3cm	45×3cm	47×3cm	49×3cm	50×3cm
袖攏滾邊	39×3cm	40×3cm	42×3cm	44×3cm	45×3cm

How To Make

1

在後身片兩側門襟處的反面貼上寬2cm的接著襯。

2

將門襟部分內摺兩次1cm後，進行熨燙並車縫固定。

3

將前身片及後身片的正面相對重疊並車縫肩線和側邊後，縫份拷克處理。

4

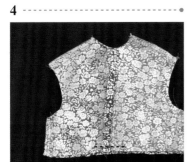

調整身片使後襟的下端部分重疊 4cm，並在內縮 5mm 處車縫。

5

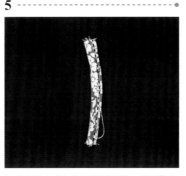

將扣環布摺成 4 等份後，沿邊內縮 1mm 處車縫固定。

6

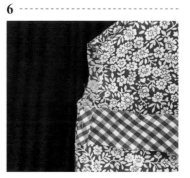

將內弧度滾邊環繞於袖攏並進行車縫。

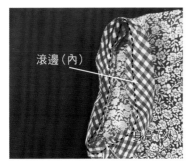

滾邊（內）
身片（外）

先將身片的正面和滾邊的正面相對重疊，並沿著袖攏在滾邊的 1/3 處進行車縫。此時，將起點往內摺 1cm，並將終點疊合在起點上方 1cm 處車縫。

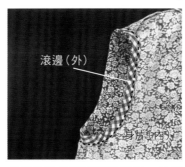

滾邊（外）
身片（內）

在縫份的曲線處剪出牙口，並在身片的反面用滾邊將縫份包覆摺起，沿邊內縮 1mm 處車縫。

參考：P92 內弧度滾邊

7

身片（內）

將扣環布對摺，並將其暫時固定於後襟左側邊緣。

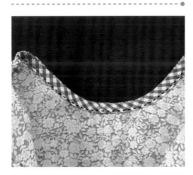

如同步驟 6 的方式（將內弧度滾邊）環繞於領口並進行車縫。

8

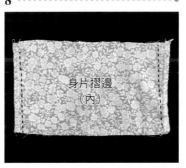

身片摺邊
（內）

將身片摺邊前片及後片的正面相對重疊，車縫兩側邊後，縫份拷克處理。

9

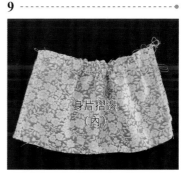

身片摺邊
（內）

在身片摺邊的上端標出前後中心，並以針距 4.5mm 直線車縫兩道線（分別為 5mm、15mm）後抽出皺褶。皺褶抓出後把長度調整成跟身片一樣長。

10 - ●

身片（內）

身片摺邊（內）

對齊身片及身片摺邊的中心與兩側邊，使正面相對重疊並進行車縫後，縫份拷克處理。

11 - ●

身片摺邊
（內）

將身片摺邊的下襬在反面內摺兩次，分別為 1cm 及 2cm 並進行熨燙後，沿邊車縫固定。

12 - ●

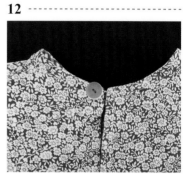

在後襟上方縫上鈕釦即完成。

13 - ●

在後襟部位繫上蝴蝶結，可呈現出不一樣的感覺。

09
簡約風 T 恤

難易指數 ★☆☆☆☆

準備材料：針織布料、滾邊布料（針織）、接著襯、
　　　　　針織專用縫針、針織用縫線
實物大小紙型：E面（前身片和後身片的紙型相同，
　　　　　選擇一個使用即可。）

裁剪配置圖

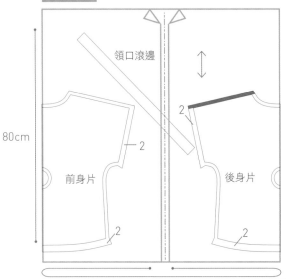

80cm

領口滾邊

前身片

後身片

2

2

2

2

150cm

- 標示以外的縫份皆為 1cm
- ▨▨▨ 為貼上接著襯的地方

各尺寸的滾邊裁剪

童裝尺寸	90	100	110	120	130
滾邊	44 × 3cm	45 × 3cm	47 × 3cm	49 × 3cm	50 × 3cm

How To Make

1

後身片
（內）

在後身片反面的肩膀縫份貼上寬
1cm的接著襯。

TIP 用針織布料做成的衣服，其肩線
等以斜線方向裁剪的部位容易鬆弛，
必須貼上接著襯。

2

後身片
（內）

將前身片及後身片的正面相對重
疊並車縫肩線。

3

滾邊（內）

身片（外）

將內弧度滾邊環繞於領口並進行
車縫。先將身片的正面和滾邊的
正面相對重疊並加以固定。此時，
將起點往內摺 1cm。

沿著領口在滾邊的 1/3 處進行車縫。再將終點疊合於起點上方1cm 處縫合。

在縫份的曲線處剪出牙口。

在身片的反面用滾邊將縫份包覆摺起。

沿邊內縮 1mm 處車縫以收尾。

4

將身片攤開後,以 Z 字形或包邊縫(拷克)處理袖口的縫份。

5

車縫袖攏和側邊後,縫份拷克處理。

6

將袖口在反面內摺一次 2cm 後進行車縫。

7

以 Z 字形或包邊縫(拷克)處理下襬的縫份。

8

將下襬在反面內摺一次 2cm 後進行車縫以收尾。

TIP 有彈性的針織布料在裁縫時,使用針織專用縫針,底線使用針織用縫線為佳。針織布料在裁縫時容易因鬆弛產生皺褶,此時只要以蒸氣熨燙即可恢復原狀。

10
摺邊雪紡衫

難易指數 ★★★☆☆

準備材料：棉質或亞麻布料、滾邊布料、接著襯、
　　　　　 鈕釦

實物大小紙型：C 面

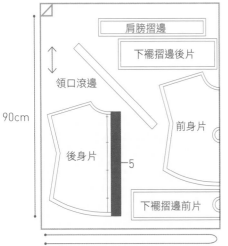

裁剪配置圖

肩膀摺邊

下襬摺邊後片

領口滾邊

前身片

後身片

5

下襬摺邊前片

90cm

150cm

- 標示以外的縫份皆為 1cm
- ▬ 為貼上接著襯的地方

How To Make

Top & Outer
38p

各尺寸的滾邊裁剪

童裝尺寸	90	100	110	120	130
滾邊	41 × 3cm	42 × 3cm	44 × 3cm	46 × 3cm	47 × 3cm

1

後身片（內）　後身片（內）

在後身片兩側門襟處的反面貼上
寬 5cm 的接著襯後內摺兩次，分
別為 2cm 及 3cm 並進行熨燙。

2

後身片（內）

將前身片及後身片的正面相對重
疊並車縫肩線後，縫份拷克處理。

3

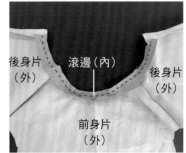

後身片（外）　滾邊（內）　後身片（外）

前身片（外）

將內弧度滾邊環繞於領口並進行
車縫。先將步驟 1 中摺了兩次的
後襟開口向外翻摺一次後，再把
滾邊的正面疊合於身片的正面，
並在 1/3 處進行車縫。

在縫份的曲線處剪出牙口後，在身片的反面用滾邊將縫份包覆摺起，並在內縮 1mm 處進行車縫。

參考：P92 內弧度滾邊

4

將後襟內摺的部分沿邊內縮 2mm 處進行車縫。

5

將肩膀摺邊及下襬摺邊的左、右、底端，在反面內摺兩次 5mm 後進行車縫。

6

將下襬摺邊後片及前片的正面相對重疊並車縫肩線後，縫份拷克處理。

7

在肩膀摺邊的上端以針距 4.5mm 直線車縫一道線並抽出皺褶後，將身片及肩膀摺邊的正面相對重疊並進行車縫。

TIP 處理縫份時，一併連側邊的縫份都一起做處理。

8

將前身片及後身片的正面相對重疊並車縫側邊。

9

在下襬摺邊的上端以針距 4.5mm 直線車縫兩道線（分別為 5mm、15mm）並抽出皺褶。

將身片及下襬摺邊的正面相對重疊並進行車縫後，縫份拷克處理。

10

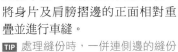

將縫份往身片方向倒並進行熨燙後，在正面內縮 2mm 處壓線固定。

11

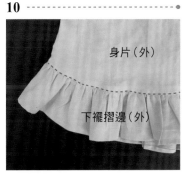

在後襟的釦眼位置上開釦眼，並在另一側將鈕釦縫上即完成。

11
寬版 T 恤

難易指數 ★★☆☆☆

準備材料：20番支紗布料、羅紋布料、針織專用縫針、針織用縫線

實物大小紙型：F面（前身片和後身片的紙型相同，選擇一個使用即可。）

Top & Outer
40p

裁剪配置圖

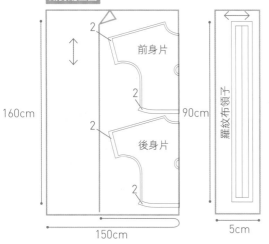

2

前身片

2

2

後身片

2

160cm

90cm

羅紋布領子

150cm

5cm

● 標示以外的縫份皆為 1cm

各尺寸的布料裁剪

童裝尺寸	90	100	110	120	130
羅紋領子（包含縫份）	38 × 5cm	39 × 5cm	41 × 5cm	42 × 5cm	43 × 5cm

How To Make

1

身片（內）

將前身片及後身片的正面相對重疊並車縫肩線。

2

身片（外）

從其中一側的袖口開始，將袖攏、側邊、下襬環繞一圈以 Z 字型或包邊縫（拷克）處理縫份。

3

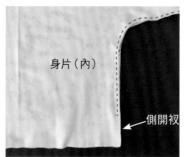

身片（內）

側開衩

將前身片及後身片的正面相對重疊，並車縫袖攏和側邊。此時，對齊下襬開衩位置且保留側開衩處後，將其餘部分車縫。

4

將袖口在反面內摺一次並車縫。

5

側邊縫份攤開以落機縫縫合並進行熨燙後,將側開衩以'匸'字形車縫加以固定。

6

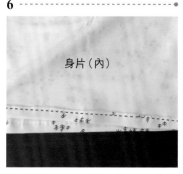

將下襬在反面內摺一次 2cm 後進行車縫。

7

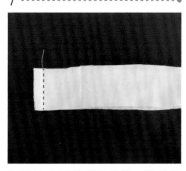

把羅紋布料對摺後車縫,縫份攤開並以落機縫處理。
將羅紋布以水平方向對摺,使其反面相疊合以作準備。

8

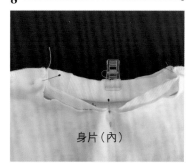

把前後中心與左右的旁側中心分別標示在羅紋布上和身片的領口後,將羅紋布的正面相對對齊於身片的正面並加以固定。

9

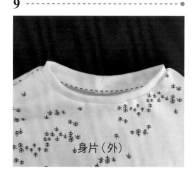

在步驟 8 的狀態下,沿著領口在內縮 1cm 處進行車縫。

TIP 由於羅紋布長度比身片的領圍短,須一邊將其拉開一邊進行裁縫。車縫前兩不相符為理所當然,將四端的中心抓好固定,即可俐落收尾。

10

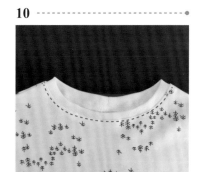

將羅紋布的縫份往身片方向倒並進行熨燙後,在正面內縮 2mm 處壓線收尾。

應用 高領 T 恤

將'高領領子(實物紙型 F 面)'連接在'寬版 T 恤的身片'上的話,可製作出不同款式的 T 恤。

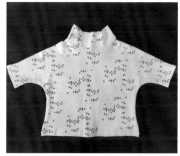

以相同方式重複步驟 1 ～ 6 後,將步驟 7 ～ 10 的羅紋布部分改成高領布料來製作即可。

TIP 有彈性的針織布料在裁縫時使用針織專用縫針,底線使用針織用縫線為佳。針織布料在裁縫時容易因鬆弛產生皺褶,此時只要以蒸氣熨燙即可恢復原狀。

12
蕾絲雪紡衫

| 難易指數 | ★★★☆☆ |

準備材料：棉質蕾絲布料、接著襯、鈕釦
實物大小紙型：C 面

身片裡布（內）

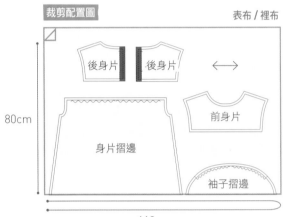

裁剪配置圖
表布 / 裡布

後身片　後身片　←→

前身片

身片摺邊

袖子摺邊

80cm

110cm

- 標示以外的縫份皆為 1cm
- ▨▨▨ 為貼上接著襯的地方

Top & Outer
42p

How To Make

1

後身片（內）

在後身片兩側門襟處的反面貼上
寬 3cm 的接著襯。

2

後身片表布（內）

將表布前身片及後身片的正面相
對重疊並車縫肩線。
裡布也是以相同方式將肩線車縫
起來以作準備。

3

身片裡布（內）

將肩線縫份燙開落機縫後，身片
裡布及表布的正面相對重疊，並
車縫門襟兩邊和領口。

4 ----------

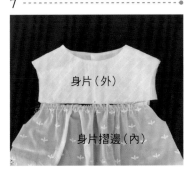

在領口縫份的曲線處剪出牙口，並修剪邊角縫份。

5 ----------

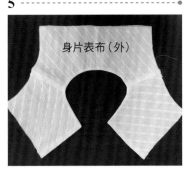

身片表布（外）

將身片翻回正面後，進行熨燙並整理縫份。

6 ----------

後身片表布（外）

調整布片使後襟的下端部分重疊3cm，並在內縮5mm處車縫。

7 ----------

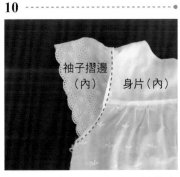

身片（外）

身片摺邊（內）

在身片摺邊的上端以針距4.5mm直線車縫兩道線（分別為5mm、15mm）並抽出皺褶。前後身片摺邊皆需抽皺，皺褶抓出後把長度調整成跟身片上方一樣長。

8 ----------

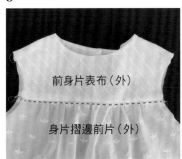

前身片表布（外）

身片摺邊前片（外）

將身片摺邊的正面和身片的正面相對重疊並進行車縫後，縫份拷克處理。將縫份往身片摺邊方向倒並進行熨燙後，在正面內縮2mm處壓線固定。

9 ----------

後身片　　前身片

袖子摺邊

在袖子摺邊的上端以針距4.5mm直線車縫兩道線（分別為5mm、15mm）並抽出皺褶。皺褶抽出後把長度調整成跟身片上的袖攏一樣長。

10 ----------

袖子摺邊（內）　身片（內）

將袖子摺邊的正面和身片袖攏處的正面相對重疊並進行車縫後，縫份拷克處理。

11 ----------

身片摺邊（內）

再將身片摺邊前片及後片的正面相對重疊，並車縫側邊後，縫份拷克處理。

12 ----------

在後襟的釦眼位置上開釦眼，並在另一側將鈕釦縫上即完成。

13
有領背心

難易指數 ★★★☆☆

準備材料：30 番棉質布料、3 盎司羽絨棉質布料、
　　　　　鈕釦

實物大小紙型：F 面

裁剪配置圖

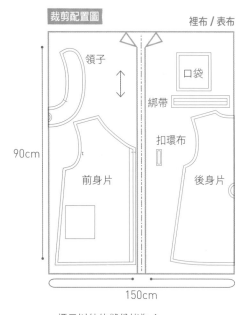

裡布 / 表布

領子

口袋

綁帶

扣環布

前身片

後身片

90cm

150cm

● 標示以外的縫份皆為 1cm

Top & Outer
44p

How To Make

1

領子裡布(內)

將領子裡布和表布的正面相對重
疊並車縫外圍。

TIP 若使用填充布料的話，可不貼接
著襯。

2

僅保留 5mm 的縫份並剪掉其餘
部分後，在曲線處剪出牙口。

3

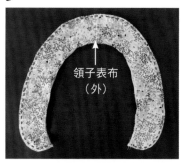

領子表布
(外)

翻回正面進行熨燙後，沿邊內縮
2mm 處壓線縫合外圍。

4 ------------------------------●

將口袋裡布及表布的正面相對重疊並預留 5cm 的開口後，其餘部分車縫起來。

5 ------------------------------●

修剪口袋四個邊角的縫份。

翻回正面並進行熨燙。

6 ------------------------------●

在前身片的正面放上口袋後，在左、右、底端沿邊內縮 2mm 處進行車縫。此時，在口袋袋口的兩端以水平方向車縫 5mm，使口袋更加牢固。

`TIP` 由於有領背心兩面皆可穿，因此口袋可縫於正反任一面。

7 ------------------------------●

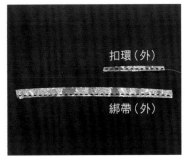

將綁帶布和扣環布共摺燙成 4 等份的長條狀後，沿邊內縮 1mm 處壓線固定以作準備。

此時，將綁帶其中一端的邊緣往內摺 1cm，而扣環布則不需要內摺。

8 ------------------------------●

將前身片及後身片表布的正面相對重疊並車縫肩線。
裡布也是以相同方式車縫肩線。

9 ------------------------------●

將身片裡布的正面和領子表布的正面相對重疊並車縫領口。
在前身片綁帶的位置分別車縫上綁帶。

10 ------------------------------●

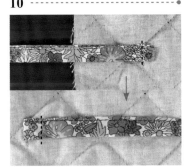

`TIP` 綁帶的部分在邊緣內縮 1cm 處進行車縫，接著摺向另一側後，摺邊處內縮 1cm 再車縫一次會更加牢固。

11

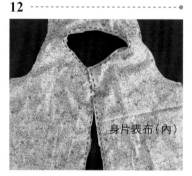

把扣環布對摺,並車縫於前身片裡布正面的其中一側。

12

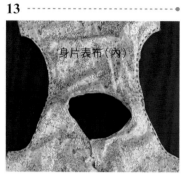

將身片的表布和裡布攤開並將正面相對疊合後,車縫前襟與領口。

13

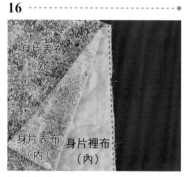

再車縫兩側袖攏。

14

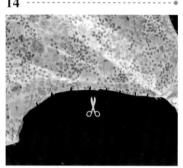

在步驟 12 ~ 13 車縫過的領口及袖攏縫份的曲線處剪出牙口。

15

透過肩膀部位將衣服翻面,使正面向外露出。

16

把外側的身片表布蓋上,將裡布前身片及後身片的正面相對重疊並車縫側邊。
身片的表布也以相同方式將正面相對重疊並車縫側邊。
TIP 注意袖攏不要錯位了。

17

透過下襬將反面向外翻,並把表布及裡布的正面相對重疊後車縫下襬。此時,在預留 10cm 的開口後,將其餘部分縫合。

18

透過開口處將衣服翻回正面後,以藏針法將開口縫合。

19

縫上鈕釦後進行熨燙以收尾。

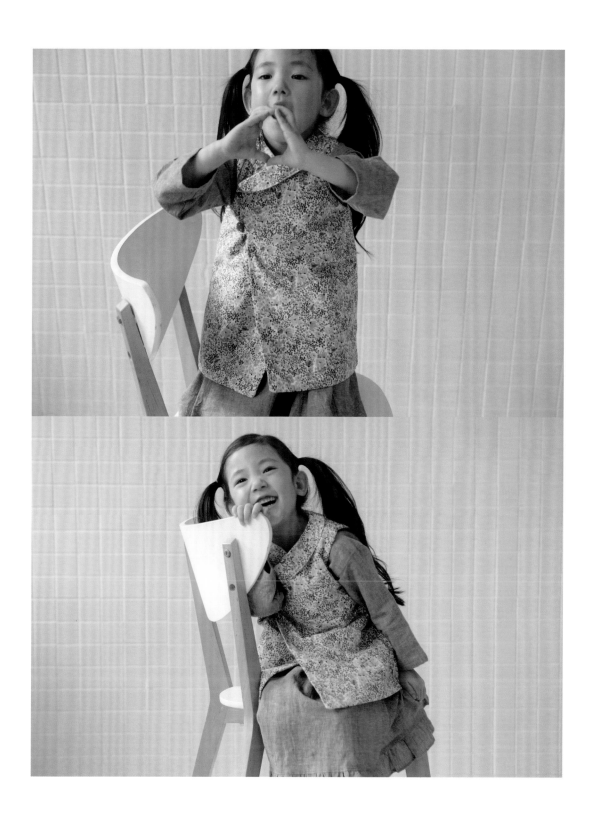

14
帶帽斗篷

難易指數 ★★★☆☆

準備材料：棉質或亞麻布料、帽子裡布布料、接著襯、鈕釦
實物大小紙型：G 面

Top & Outer
46p

裁剪配置圖

領口滾邊
3
口袋
袖子
後身片
6
6
2
前身片
帽子表布
2
140cm
150cm

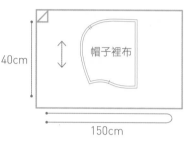

帽子裡布
40cm
150cm

• 標示以外的縫份皆為 1cm
• ▬ 為貼上接著襯的地方

各尺寸的滾邊裁剪

童裝尺寸	90	100	110	120	130
滾邊	49 × 3cm	50 × 3cm	52 × 3cm	53 × 3cm	55 × 3cm

How To Make

1

在口袋袋口反面貼上寬 3cm 的接著襯，內摺 1cm 再摺 2cm 後進行熨燙。

2

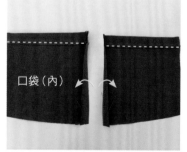

車縫口袋袋口加以固定後，將口袋側邊其中一邊往內摺 1cm 後進行熨燙。

3

將兩側的口袋車縫於兩側前身片的正面。此時車縫的位置是步驟 2 中內摺那一邊往內縮 2mm 處。
TIP 在口袋袋口處上端車縫一個三角形，能更加牢固。

4 - ●

將後身片的正面對摺後，車縫打褶縫線。

5 - ●

攤開後身片後，熨燙褶子並在上方內縮 5mm 處進行車縫。

6 - ●

將袖口內摺兩次 3cm 並熨燙。

7 - ●

在前身片門襟處的反面貼上寬6cm 的接著襯，並往內摺兩次3cm 後進行熨燙。

8 - ●

將前身片的下襬內摺 2cm 的縫份後進行熨燙。

攤開後，以 Z 字形或包邊縫（拷克）處理縫份。

9 - ●

把步驟 7 中摺兩次的門襟部位向外翻摺一次後，車縫下襬加以固定。此時，對齊步驟 8 中內摺過的 2cm 線條並進行車縫。

10 - ●

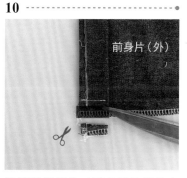

僅將門襟部位三層重疊的縫份之最外側那面保留後，在車縫線5mm 處剪去其餘部分並做整理。

11 - ●

將後身片的正面和袖子的正面相對重疊並車縫肩線後，縫份拷克處理。

12

將前身片的正面和袖子的正面相對重疊並車縫肩線後，縫份拷克處理。

13

車縫袖管和側邊後，縫份拷克處理。

14

沿著步驟6中所內摺出的袖口車縫固定。

15

將帽子裡布的正面相對重疊並車縫外圍後，在縫份的曲線處剪出牙口。
帽子的表布也以相同方式處理以作準備。

16

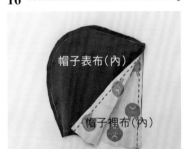

將帽子裡布及表布的正面相對重疊後，車縫帽子的帽簷處。

17

翻回正面熨燙後，將帽子的帽簷處沿邊內縮2mm處壓線固定。

18

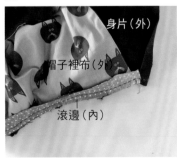

將內弧度滾邊車縫於領口上。帽子表布正面及身片正面的中心與對合點使其相對重疊，上方再疊上滾邊的正面，並在1/3處進行車縫。

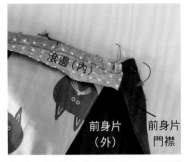

此時，把前身片門襟往正面反摺一次後，將滾邊的起點和終點一併縫合。

19

在縫份的曲線處剪出牙口，將身片的反面用滾邊將縫份包覆摺起，並在內縮1mm處進行車縫。
參考：P92 內弧度滾邊

20 ----------------------------●

前身片（內）

將前襟的內摺部分沿邊內縮 2mm
處進行車縫。

21 ----------------------------●

在門襟的釦眼位置上開釦眼，並
在另一側將鈕釦縫上即完成。

15

雙排釦大衣

難易指數 ★★★★★

準備材料：毛料、裡布布料（聚酯纖維）、
接著襯、裝飾釦、按釦

實物大小紙型：H 面

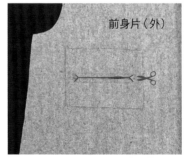

Top & Outer
48p

裁剪配置圖

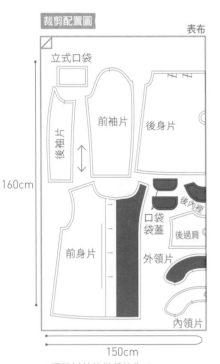

表布

立式口袋

後袖片
前袖片
後身片

160cm

後內裡
口袋
袋蓋
後過肩
前身片
外領片
內領片

150cm

裡布

口袋裡布

前袖片裡布
後過肩裡布

160cm

後袖片裡布
前身片裡布
後身片裡布

150cm

- 標示以外的縫份皆為 1cm
- ▨ 為貼上接著襯的地方

How To Make

1

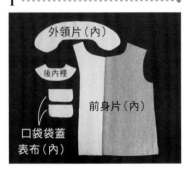

外領片（內）
後內裡
前身片（內）
口袋袋蓋表布（內）

在外領片、前身片的前內裡部位（2片）、口袋袋蓋表布（2片）、後內裡反面貼上接著襯。

2

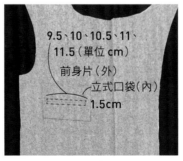

9.5、10、10.5、11、11.5（單位 cm）
前身片（外）
立式口袋（內）
1.5cm

在前身片的正面縫上立式口袋。先將立式口袋的正面疊合於前身片的正面後，車縫口袋袋口。

前身片（外）

剪出立式口袋的中心線。裁剪時，在兩端剪出 Y 字形，並連同前身片一起裁剪。

前身片（外）

透過剪開的洞口將立式口袋的布料全部往內側塞。

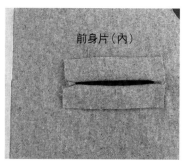

前身片（內）

將塞到內側那面的立式口袋布做整理，使口袋能呈現出嘴唇的形狀，並進行熨燙。

註：立式口袋在韓語中稱作唇形口袋。

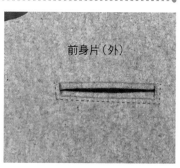

前身片（外）

正面再次進行熨燙後，將左、右、底端在沿邊 2mm 處壓線固定。

3

口袋袋蓋（內）

將 2 片口袋袋蓋正面相對重疊並車縫左、右、底邊後，在縫份的曲線處剪出牙口。

4

口袋袋蓋（外）

翻回正面並進行熨燙後，在左、右、底邊內縮 5mm 處壓線固定。

5

口袋袋蓋（外）

以 Z 字形或包邊縫（拷克）處理口袋袋蓋上端部位的縫份。

6

將口袋袋蓋塞入立式口袋的洞口。

7

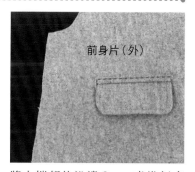

前身片（外）

將上端部位沿邊 2mm 處進行車縫，固定袋蓋。

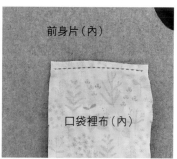

前身片（內）

口袋裡布（內）

將口袋裡布車縫上。先在前身片反面將口袋裡布的頂線與立式口袋的上端部位相接。

TIP 僅將口袋裡布和立式口袋的布料相接。

將口袋裡布的底線與立式口袋的底端部位相接,並進行車縫。

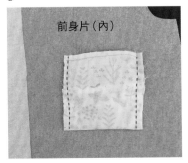

車縫口袋裡布的兩側邊。上端部位和立式口袋一同進行車縫;下端部位則將裡布之間縫合。

<!-- 9 -->

將前身片裡布的正面和前身片表布的正面相對重疊。此時,對齊肩點後開始進行車縫,除了保留下方1cm不車外,其餘部分皆縫合。

10

將前身片裡布和表布的相接縫份往裡布方向倒並進行熨燙,接著將整體對摺使反面相疊合後進行熨燙。

11

摺出後身片表布的皺褶並車縫後,進行熨燙。

12

將後身片表布的正面和後過肩表布的正面相對重疊,並進行車縫。

13

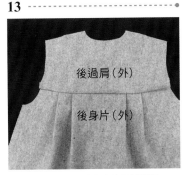

將縫份往後過肩方向倒並熨燙。

14

把後過肩裡布及後內裡的正面相對重疊進行車縫後,將縫份往後過肩裡布方向倒並車縫和熨燙。

15

摺出後身片裡布的褶子並車縫。

16 -------------------------------------•

將後身片裡布的正面和後過肩裡布的正面相對重疊，並進行車縫。

17 -------------------------------------•

車縫前身片及後身片的肩線。分別將裡布間的正面相對；表布間的正面都相對疊合後，進行車縫。

18 -------------------------------------•

車縫前身片及後身片的側邊。同肩線作法，分別將裡布間的正面相對；表布間的正面都相對疊合後，進行車縫。

19 -------------------------------------•

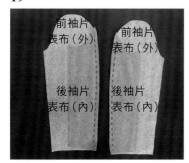

將袖子表布的前袖片及後袖片正面相對重疊，並進行車縫。

20 -------------------------------------•

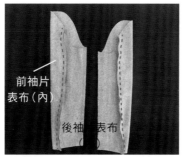

車縫前袖片及後袖片的袖管，並將袖子表布車成圓筒狀。袖子的縫份皆燙開。

21 -------------------------------------•

袖子的裡布也以相同方式 (步驟 19 ～ 20) 進行車縫以作準備。

22 -------------------------------------•

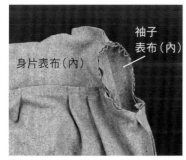

將袖子放入身片袖攏處，使身片表布的正面和袖子表布的正面相疊合後，進行車縫。

此時，將袖山中心和身片肩膀中心對齊，並留意其他部分的對合點後進行車縫。

TIP 由於袖子長度比袖攏長，先在袖山處稍微抓出皺褶再進行車縫，會比較好處理。

23 -------------------------------------•

身片的裡布和袖子的裡布也以相同方式 (步驟 22) 相接。

24

將外領片和內領片的正面相對重疊後，車縫外圍。

25

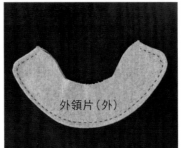

在縫份的曲線處剪出牙口並翻回正面進行熨燙後，沿邊內縮 5mm 處壓線固定。

26

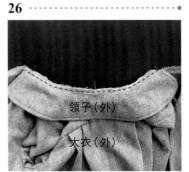

把領子的起點對齊在身片的對合點上，並將領子的中心對齊且固定於後過肩表布的中心，藉由 5mm 的縫份將領子縫於大衣上。

27

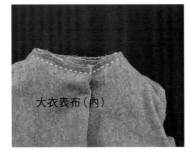

將大衣表布的正面和裡布的正面相對重疊並車縫領口。

28

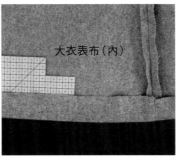

在大衣表布的下襬內摺出 4cm 的縫份並進行熨燙。

29

在前身片邊角的兩層縫份中，把其中一邊的縫份僅保留 1cm，其餘部分修剪掉。

30

將大衣表布的正面和裡布的正面相對重疊後，對齊下襬並進行車縫。此時，需預留 15cm 的開口。

31

前身片的兩邊角部位則對齊步驟 28 熨燙過的線條後，進行車縫。

透過下襬開口把正面向外翻回正面後，將前身片邊角的縫份做整理，並以藏針縫縫合前身片下襬的邊角。

32

透過下襬開口將袖子的裡布和表布拉出。

33

將袖子表布的正面和袖子裡布的正面相對重疊,並在邊緣內縮1cm處車縫一圈。

TIP 在袖子已從下襬開口拉出的情況下,把裡布邊緣往上摺約3cm。以此狀態使兩袖子呈現互相交握的樣子後,再將裡布套入表布內,即可輕鬆連接袖子部位。

34

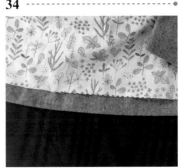

放入袖子並從袖攏處拉整出袖子後,以藏針縫將開口縫合。

35

在門襟的鈕釦位置上以手縫將按釦縫上。

36

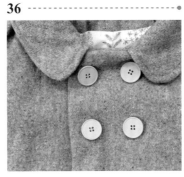

在前身片正面縫上裝飾釦後即完成。

16
兩面穿有領夾克

難易指數 ★★★★☆

準備材料：棉質布料、3盎司羽絨布料、接著襯、
　　　　　　四合釦

實物大小紙型：G面

裁剪配置圖

表布 / 裡布

口袋
口袋
前身片
領子
袖子
後身片

160cm

150cm

- 標示以外的縫份皆為 1cm
- ▰▰▰ 為貼上接著襯的地方

Top & Outer
52p

How To Make

1

領子裡布(內)

將領子裡布及表布的正面相對重
疊並車縫外圍。

2

領子裡布(外)

在縫份的曲線處剪出牙口後，翻
面進行熨燙。

3

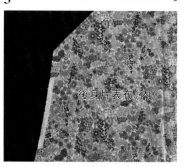

後身片表布(內)

在前身片及後身片反面的口袋位
置貼上寬 1cm 的接著襯。

4 -

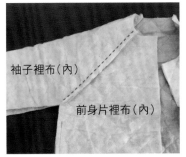

在後身片裡布的正面放上口袋，使口袋的正面與後身片裡布的正面相對並車縫袋口（在邊緣內縮1cm處）。此時，在起點和終點保留1cm後，將其餘部分車縫起來。

5 -

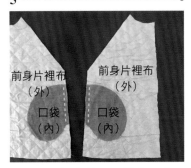

在前身片裡布的正面放上口袋，使口袋的正面與前身片裡布的正面相對並車縫袋口（在邊緣內縮0.7cm處）。此時，在起點和終點保留1cm後，將其餘部分車縫。

6 -

將後身片裡布及袖子裡布的正面相對重疊並車縫肩線。在起點和終點保留1cm後，將其餘部分車縫起來。

7 -

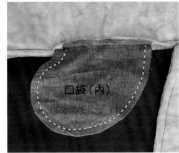

將前身片裡布及袖子裡布的正面相對重疊並車縫肩線。此時，在起點和終點保留1cm後，將其餘部分車縫起來。

8 -

將前身片裡布及後身片裡布的正面相對重疊，並車縫袖管和側邊。此時，把在步驟6～7車縫過的縫份燙開，口袋部分則無需車縫。

9 -

將口袋正面相對重疊，並車縫袋口以外的周圍部分。

10 -

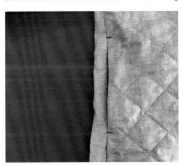

把衣服翻面後，在正面以水平方向將口袋袋口縫合5mm，能更牢固地固定口袋。

重複步驟6～8後，車縫表布的肩線、側邊、袖管及口袋。

11

把中心和對合點對齊並加以固定，使夾克裡布的正面和領子表布的正面相對後，在內縮5mm處將領子車縫於夾克上。

12

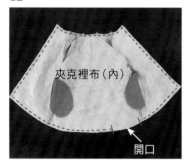

夾克裡布（內）

開口

將夾克表布的正面和裡布的正面相對重疊，並車縫領口、門襟及下襬。此時，在下襬預留15cm的開口後，將其餘部分車縫起來。

13

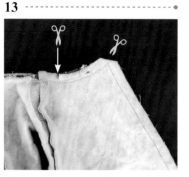

剪去前身片邊角的縫份，並在領口縫份的曲線處剪出牙口。

14

透過下襬開口將衣服翻回正面後，進行熨燙。

15

夾克裡布（外）

袖子表布（內）

透過下襬開口將袖子的裡布和表布拉出。

16

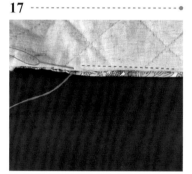

袖子表布（內）

袖子裡布（內）

將袖子表布的正面和袖子裡布的正面相對重疊，並在邊緣內縮1cm處環繞車縫一圈。

TIP 在袖子已從下襬開口拉出的情況下，把裡布邊緣往上摺約3cm。以此狀態使兩袖子呈現互相交握的樣子後，將裡布套入表布內，即可輕鬆連接袖子部位。

17

透過袖子並從袖攏拉出整理好後，以藏針縫將開口縫合。

18

在門襟的鈕釦位置釘上四合釦後即完成。

17
小精靈夾克

難易指數 ★★★★☆

準備材料：棉質布料、接著襯、鈕釦
實物大小紙型：F面

Top & Outer 54p

裁剪配置圖　　　　表布 / 裡布

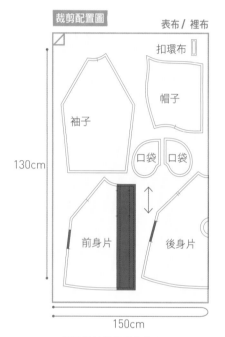

扣環布

帽子

袖子

口袋　口袋

前身片　　後身片

130cm

150cm

- 標示以外的縫份皆為 1cm
- ▨為貼上接著襯的地方

How To Make

1

帽子表布（內）

將帽子表布的正面相對重疊並車縫外圍。

2

帽子表布（內）

僅保留 5mm 的縫份並剪去其餘部分後，在曲線處剪出牙口。

3

帽子裡布（內）

帽子的裡布也以相同方式 (步驟 1 ～ 2) 處理以作準備。

4

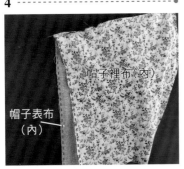

將帽子裡布和表布的正面相對重疊後，車縫帽子的帽簷處。

5

翻回正面熨燙後，沿帽簷邊內縮2mm處壓線固定。

6

在前身片裡布的門襟部位（2片）、前身片及後身片裡布（各2片）口袋位置的反面貼上接著襯。

7

在後身片裡布的正面放上口袋，使口袋的正面與後身片裡布的正面相對並車縫袋口（在邊緣內縮1cm處）。此時，在起點和終點保留1cm後，將其餘部分車縫起來。

8

在前身片裡布的正面放上口袋，使口袋的正面與前身片裡布的正面相對並車縫袋口（在邊緣內縮0.7cm處）。此時，在起點和終點保留1cm後，將其餘部分車縫起來。

9

將後身片裡布及袖子裡布的正面相對重疊並車縫肩線。在起點和終點保留1cm後，將其餘部分車縫起來。

10

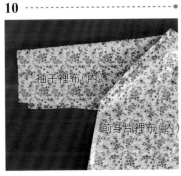

將前身片裡布及袖子裡布的正面相對重疊並車縫肩線。此時，在起點和終點保留1cm後，將其餘部分車縫起來。

11

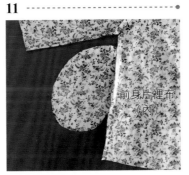

將前身片裡布及後身片裡布的正面相對重疊，並車縫袖管和側邊。此時，把在步驟9～10車縫過的縫份燙開，口袋部分則無需車縫。

12

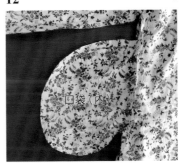

將口袋的正面相對重疊，並車縫袋口以外的周圍部分。

TIP 把衣服翻面後，在正面以水平方向將口袋袋口上下兩端縫合5mm，能更牢固地固定口袋。

13

重複步驟9～12後，車縫表布的肩線、側邊、袖管及口袋。

14

帽子表布（外）

夾克表布（外）

將帽子表布的正面和夾克的正面相對後，把中心和對合點對齊並加以固定，沿邊內縮5mm處將帽子車縫起來。

15

扣環布（外）

將扣環布共摺成4等份的長條狀後，在開口處內縮1mm壓線固定。

16

前身片裡布（外）

將扣環布對摺後，車縫於夾克裡布的外側（左側門襟邊角）上。此時，使打摺的那面出現在內側。

17

夾克裡布（內）

開口

在帽子翻向身片方向的狀態下，將夾克表布的正面和裡布的正面相對重疊，並車縫領口、門襟及下襬。此時，在下襬預留15cm的開口後，將其餘部分車縫。

18

剪去前身片邊角的縫份，並在領口縫份的曲線處剪出牙口。

19

透過下襬開口將衣服翻回正面後，進行熨燙。

20

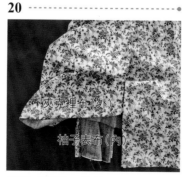

夾克裡布（外）

袖子表布（內）

透過下襬開口將袖子的裡布和表布拉出。

21

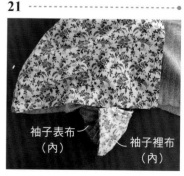

袖子表布（內）

袖子裡布（內）

將袖子表布的正面和袖子裡布的正面相對重疊，並在邊緣內縮1cm處車縫。

TIP 在袖子已從下襬開口拉出的情況下，把裡布邊緣往上摺約3cm。以此狀態使兩袖呈現互相交握的樣子後，將裡布套入表布內，即可輕鬆連接袖子部位。

22

放入袖子並從袖攏處拉出整理好
後，以藏針縫將開口縫合。

23

在夾克裡布縫上鈕釦。

24

在表布門襟的釦眼位置上開釦眼，
並在另一側將鈕釦縫上即完成。

18
網紗裙

| 難易指數 | ★★☆☆☆ |

準備材料：網紗布料、滾邊布料、綁帶布料、鬆緊帶

Pants& Skirt
58p

裁剪配置圖

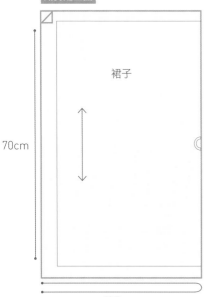

裙子

70cm

150cm

● 無縫份

各尺寸的布料裁剪

童裝尺寸	90	100	110	120	130
網紗布料	127 × 46cm	132 × 50cm	137 × 54cm	142 × 58cm	147 × 62cm
滾邊	61 × 5cm	65 × 5cm	69 × 5cm	73 × 5cm	77 × 5cm
綁帶 （包含縫份）	30 × 5cm				

● 網紗布料和滾邊的部分指的是不包含縫份的裁剪尺寸，是在沒
有縫份的情況下進行裁剪。
● 綁帶的部分則有包含縫份。

| How To Make |

1

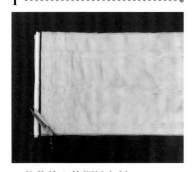

一共裁剪 8 片網紗布料。
TIP 裁剪網紗布料時，以 4 片為一個
單位用裁縫輪刀裁剪較為方便。

2

裙子（內）

將 4 片經裁剪過的裙子布料重疊
後，車縫兩側邊。

3

在裙子上端用手抓出皺褶後以珠
針固定。皺褶抓出後把長度調整
成跟滾邊裙腰一樣長。
TIP 皺褶即使不規則，依然能呈現出
自然的感覺。

4

裙子（內）

將手抓皺的部分進行車縫加以固定。其他 4 片裙子布料也以相同方式將側邊相接後抓出皺褶。

5

將滾邊摺成 3 等份，使滾邊布料的兩端能相接合於中央後，進行熨燙以作準備。

6

滾邊（內）　裙子（外）

把 2 件裙片摺出裙子的形狀後，將裙子的正面和滾邊的正面相對重疊，並在滾邊 1/3 處進行車縫。

此時，為了能將鬆緊帶穿入，把滾邊的起點和終點分別往內摺 1cm 後進行車縫。

7

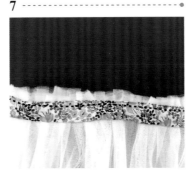

將滾邊往上摺後，沿邊內縮 2mm 處壓線以收尾。

參考：P92 內弧度滾邊

8

依照孩子的腰圍穿入鬆緊帶，並將鬆緊帶的邊緣重疊後縫合固定。

9

製作蝴蝶結並將其縫於腰上。

10

將裙子下襬整理好即完成。

19
褲 裙

難易指數 ★☆☆☆☆

準備材料：棉質或亞麻布料、鬆緊帶
實物大小紙型：C 面

Pants& Skirt
62p

裁剪配置圖

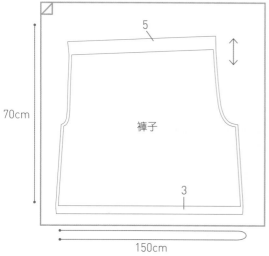

70cm

5

褲子

3

150cm

● 標示以外的縫份皆為 1cm

How To Make

1

褲子（內）

將 2 片布料的正面相對重疊並車
縫前後褲襠後，縫份拷克處理。

2

褲子（內）

調整褲子的形狀使褲襠位於中央
後，縫合褲管，縫份拷克處理。

3

褲子（內）

將下襬（褲口）在反面內摺兩次，
分別為 1cm 及 2cm 並進行熨燙
後，沿邊車縫固定。

4

開口

褲子（內）

將褲腰在反面內摺兩次，分別為 2cm 及 3cm 並進行熨燙後，預留 4cm 的開口，將其餘部分沿邊車縫起來。

5

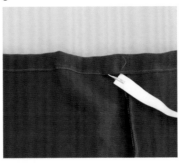

依照孩子的腰圍穿入鬆緊帶，並將鬆緊帶的兩端邊緣重疊縫合固定。

車縫褲腰開口後即完成。

20
簡約基本款童裙

難易指數 ★☆☆☆☆

準備材料：棉質或亞麻布料、鬆緊帶

Pants & Skirt
64p

裁剪配置圖

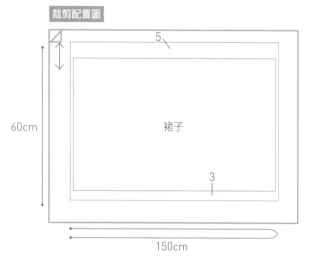

• 標示以外的縫份皆為 1cm

各尺寸的布料裁剪

童裝尺寸	90	100	110	120	130
裙子布料	58×32cm	60×35cm	62×38cm	64×41cm	67×44cm

• 此為不包含縫份的裁剪尺寸，縫份的部分請參考裁剪配置圖。

How To Make

1

將裙子前片、後片的正面相對重疊並車縫兩側邊後，縫份拷克處理。

2

將下襬在反面內摺兩次，分別為 1cm 及 2cm，並進行熨燙。

3

再沿邊車縫一圈固定。

4

將裙腰在反面內摺兩次，分別為
2cm 及 3cm，並進行熨燙。

5

開口

裙子（內）

沿邊車縫裙腰。此時，預留 4cm
的開口，將其餘部分車縫起來。

6

依照孩子的腰圍穿入鬆緊帶。

將鬆緊帶的兩邊重疊後縫合固定。

7

最後車縫裙腰開口處即完成。

21

三角裙

難易指數 ★☆☆☆☆

準備材料：棉質或亞麻布料、鬆緊帶
實物大小紙型：A 面

Pants & Skirt
66p

裁剪配置圖

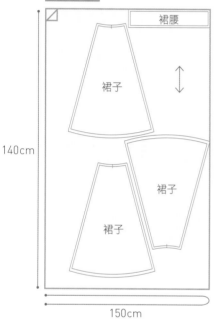

裙腰

裙子

裙子

裙子

140cm

150cm

● 標示以外的縫份皆為 1cm

How To Make

1

將裁下的 6 片裙片正面相對重疊並車縫至側邊一圈後，縫份拷克處理。

TIP 以斜線方向裁剪的側面由於容易鬆弛，車縫時須小心留意。

2

裙子(內)

以 Z 字形或包邊縫（拷克）處理下襬的縫份。

3

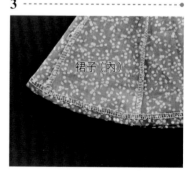

裙子(內)

將下襬（裙襬）反面內摺一次 1.5cm 並進行熨燙後，沿邊車縫固定。

4

將裙腰的正面相對重疊，並在兩側邊內縮 1cm 處進行車縫。

5

以水平方向對摺，使裙腰的反面相疊合。

6

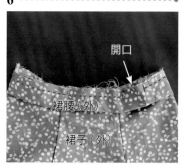

開口

裙腰（外）

裙子（外）

將裙子的正面向外露出，並把裙腰的開口部分和裙子的上端部分對齊疊合。預留 4cm 的開口後，沿邊內縮 1cm 處進行車縫，將裙腰和裙子相接。

7

依照孩子的腰圍穿入鬆緊帶，並將鬆緊帶的兩邊重疊後縫合固定。

8

裙子（內）

車縫裙腰開口後，將裙腰和裙片的連接線縫份拷克處理即完成。

22

簡約基本款童褲

難易指數 ★☆☆☆☆

準備材料：棉質或亞麻布料、鬆緊帶
實物大小紙型：A 面

Pants & Skirt
68p

裁剪配置圖

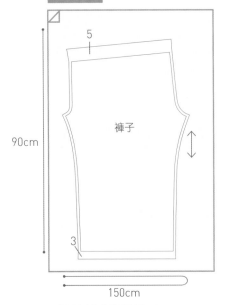

90cm

5

褲子

3

150cm

● 標示以外的縫份皆為 1cm

How To Make

1 ----------

將 2 片布料的正面相對重疊並車縫褲襠後，縫份拷克處理。

2 ----------

褲子（內）

調整褲子的形狀使褲襠位於中央後，縫合褲管，縫份拷克處理。

3 ----------

開口

褲子（內）

將褲腰在反面內摺兩次，分別為 2cm 及 3cm 並進行熨燙後，沿邊壓線固定，在預留 4cm 的開口後，將其餘部分車縫起來。

4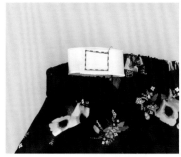

依照孩子的腰圍穿入鬆緊帶，並將鬆緊帶的兩端重疊縫合固定。

5

再將褲腰開口車合固定。

6

褲子（內）

將下襬（褲口）在反面內摺兩次，分別為 1cm 及 2cm 並進行熨燙後，沿邊壓線固定即完成。

緊身褲

難易指數 ★☆☆☆☆

準備材料：針織布料、鬆緊帶、針織專用縫針、針織用縫線
實物大小紙型：C 面

裁剪配置圖

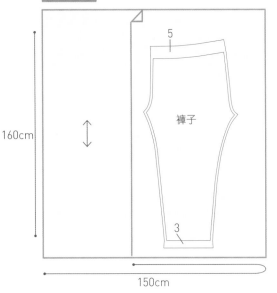

160cm

5

褲子

3

150cm

● 標示以外的縫份皆為 1cm

Pants & Skirt
70p

How To Make

1

褲子（內）

將 2 片布料的正面相對重疊並車縫前後褲襠後，縫份拷克處理。

2

褲子（內）

以 Z 字形或包邊縫 (拷克) 處理褲襠的縫份後，在褲口反面內摺一次並進行車縫。

3

褲子（內）

調整褲子的形狀使褲襠位於中央後，縫合褲管，縫份拷克處理。此時，下襬的縫份在穿著時摺向後面。

4

開口

褲子（內）

將褲腰在反面內摺兩次，分別為 2cm 及 3cm 後進行熨燙。在預留 4cm 的開口後，將其餘部分車縫起來。

5

依照孩子的腰圍穿入鬆緊帶，並將鬆緊帶的兩端重疊縫合固定。

6

車縫褲腰開口以收尾。

TIP 有彈性的針織布料在裁縫時使用針織專用縫針，底線以針織用縫線為佳。針織布料在裁縫時容易因鬆弛產生皺褶，此時只要以蒸氣熨燙即可恢復原狀。

24
喇叭褲

難易指數 ★★★☆☆

準備材料：牛仔氨綸布料、接著襯、鬆緊帶、
　　　　　　30 番包芯線
實物大小紙型：E 面

Pants& Skirt
72p

裁剪配置圖

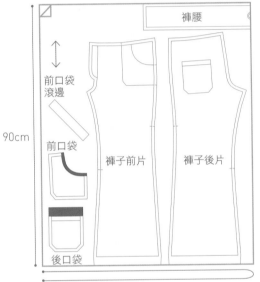

90cm

前口袋滾邊

前口袋

後口袋

褲腰

褲子前片

褲子後片

150cm

- 標示以外的縫份皆為 1cm
- ▬▬ 為貼上接著襯的地方

How To Make

1

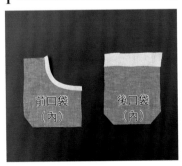

在前口袋和後口袋袋口的其中一面分別燙貼上寬 1cm、3cm 的接著襯。

2

將後口袋的袋口在反面內摺兩次，分別為 1cm 及 2cm 並進行熨燙後，沿邊壓線固定。

TIP 也可以間隔 5mm 的距離再車縫一道線，共兩道線。

3 - •

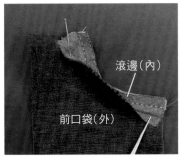

將內弧度滾邊車縫於前口袋的袋口弧度位置。
先將滾邊的正面疊合於前口袋的正面，在滾邊的1/3處進行車縫。

在縫份的曲線處剪出牙口。

在口袋的反面用滾邊將縫份包覆摺起，並沿邊內縮1mm處進行車縫。

4 - - - - - - - - - - - - - - - - - - - •   **5** - - - - - - - - - - - - - - - - - •   **6** - - - - - - - - - - - - - - - - - •

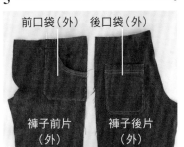

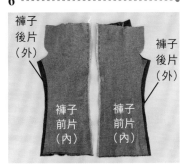

將前、後口袋的左、右、底端各往內摺1cm後進行熨燙。

在褲子前片的正面放上前口袋；在褲子後片的正面放上後口袋後，將左、右、底端沿邊內縮2mm處車縫固定。

將褲子前片和後片的正面相對重疊並車縫側邊後，縫份拷克處理。

7 - - - - - - - - - - - - - - - - - - - •   **8** - - - - - - - - - - - - - - - - - •   **9** - - - - - - - - - - - - - - - - - •

將縫份往背後方向倒並進行熨燙後，在正面內縮2mm處壓線固定。

將步驟7中準備好的2片褲子正面相對重疊，並車縫褲子後片的褲襠後，縫份拷克處理。

車縫褲子前片的褲襠，並在縫份的曲線處剪出牙口後，縫份拷克處理。

10

將縫份往其中一側倒並進行熨燙後，在正面內縮 2mm 處壓線固定。

11

褲子後片（內）

車縫褲管後，縫份拷克處理。

12

褲子前片（內）

將下襬（褲口）從反面內摺兩次，分別為 2cm 及 3cm 並進行熨燙後，沿邊壓線固定。

13

褲腰（內）

對摺布料使褲腰的正面相疊合並車縫開口的部分後，縫份燙開。

14

開口
褲腰（外）
褲子（外）

以水平方向對摺使褲腰反面相對，並將褲腰覆蓋疊合在褲子的正面後，進行車縫。在預留 4cm 的開口後，將其餘部分車縫起來。

15

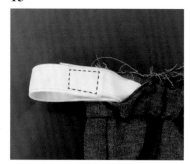

依照孩子的腰圍穿入鬆緊帶，並將鬆緊帶的兩端重疊縫合固定。

16

車縫褲腰開口後，將褲腰和褲子連接線的縫份拷克處理以收尾。

25

小 貓 玩 偶

難易指數 ★★★☆☆

準備材料：棉質布料或粗布料、十字繡線或丙烯
顏料、球棉（填充棉的一種）

實物大小紙型：B 面

裁剪配置圖

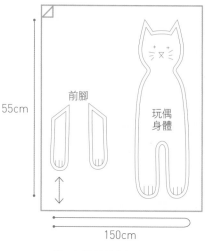

55cm

前腳

玩偶
身體

150cm

• 標示以外的縫份皆為 1cm

Props
76p

How To Make

1 -

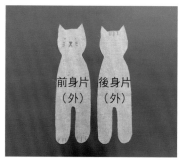

在玩偶身體的正面利用縫線繡出
眼、鼻、口、貓鬍及後腳、後腦
勺等。

TIP 也可不使用縫線改用丙烯顏料或
布染料繪出。

2 -

在 4 片前腳布料其中 2 片的正面
繡出腳趾的形狀。

3 -

將縫繡過和未縫繡過的兩前腳之
正面相對重疊，並在內縮 1cm 處
進行車縫。

4

將前腳翻面使正面向外後，往內填充球棉。

5

在前身片正面放上前腳並對齊好位置後，沿邊內縮 5mm 處進行車縫。

6

把前身片和後身片的正面相對重疊並加以固定後，將整個身體沿邊內縮 7mm 處進行車縫。

7

此時，在小腿處預留 6cm 的開口後，將其餘部分車縫起來。

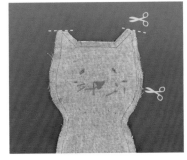

將耳朵的邊角縫份剪去，並在臉、脖子、後腳等曲線處剪出牙口。

8

透過開口翻回正面後調整好玩偶形狀，並往內填充球棉。

9

最後將開口以手縫的方式採鎖邊縫縫合完成。

26
貓玩偶洋裝

難易指數 ★★★☆☆

準備材料：棉質或亞麻布料、接著襯、四合釦、
　　　　　　彈性縫線

實物大小紙型：B 面

裁剪配置圖

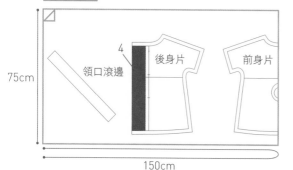

- 標示以外的縫份皆為 1cm
- ■■■ 為貼上接著襯的地方

Props
77p

How To Make

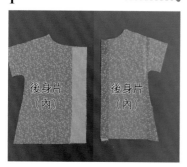

1

在後身片兩側門襟處的反面貼上
寬 4cm 的接著襯後，內摺兩次
2cm 並進行熨燙。

2

將前身片和後身片的正面相對重
疊並車縫肩線後，縫份拷克處理。

3

將身片攤開後，以 Z 字形或包邊
縫 (拷克) 處理袖口的縫份。

4

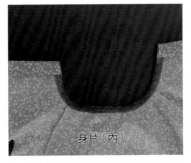

先將步驟 1 中摺了兩次的後襟開口向外翻摺一次後，再把滾邊的正面疊合於身片的正面。沿著領口在滾邊的 1/3 處進行車縫，並在縫份的曲線處剪出牙口。

在身片的反面用滾邊將縫份包覆摺起，並在內縮 1mm 處進行車縫。

參考：P92 內弧度滾邊

5

車縫袖攏和側邊後，在袖攏底端曲線處剪出牙口，縫份拷克處理。

6

7

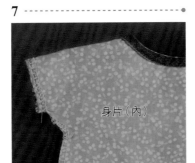

8

以 Z 字形或包邊縫 (拷克) 處理袖口的縫份後，下襬反面內摺一次 2cm 並進行車縫。

將袖口反面內摺一次 1cm 並進行車縫。

將後襟兩側內摺的部分，沿邊內縮 2mm 處車縫加以固定。

9

10

11

將彈性縫線稍微拉一下並捲上底線線軸，準備好後放入底線位置裡。對齊身片正面的彈性縫線位置進行車縫。此時，設針距為 3.5mm 且不需回針。接著將完成車縫的彈性縫線留下足夠使用的部分後，將剩餘部分剪去。

把彈性縫線兩側稍微拉一下，適當地抓出皺褶後，將彈性縫線打結避免兩端鬆開。

在後襟的鈕釦位置縫上四合釦後即完成。

27

躲 貓 貓 小 屋

難易指數 ★★★★☆

準備材料：棉質 30 ～ 40 番布料、滾邊布料

裁剪配置圖

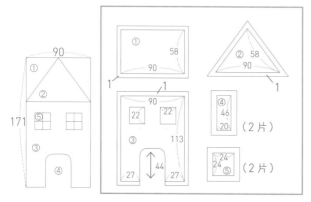

• 標示以外的縫份皆為 2cm

Props
78p

滾邊裁剪

裁剪結構	窗框	窗櫺	門框
滾邊大小	98 × 4cm (2 片)	26 × 4cm (4 片)	120（±10）× 4cm (1 片)

How To Make

1

按照下列步驟用外弧度滾邊處理窗框的縫份。

將窗框的滾邊摺成 4 等份並進行熨燙，以作準備。

對齊紙型窗戶位置後，剪下四邊 22cm 長的正方形。

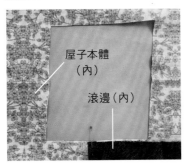

將滾邊的正面疊合固定於窗戶的反面。此時，將滾邊的起點往內摺 1cm。

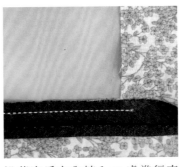

沿著窗戶在內縮 1cm 處進行車縫。車縫時，使邊角的部分比窗戶邊緣多出 1cm。

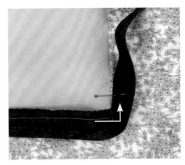

再將滾邊摺成 90 度加以固定。

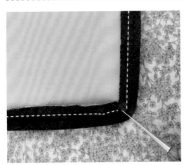

滾邊轉角剪一刀，變換縫紉方向後繼續進行車縫。

將邊角全部環繞車縫後，把終點重疊在起點 1cm 處縫合固定。

在屋子本體正面用滾邊將縫份包覆摺起。

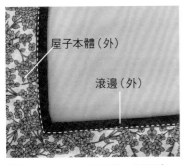

沿邊內縮 1mm 處壓線一圈固定。

如下列步驟製作窗櫺，並進行車縫將滾邊縫上。

把用來製作窗櫺的滾邊其較短邊的兩端各內摺 1cm 後，再將較長的邊摺成 4 等份並進行熨燙，以作準備。

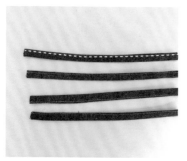

將滾邊開口沿邊內縮 1mm 處壓線縫合固定，並準備好 4 條。

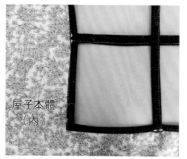

將 2 個滾邊交叉成窗櫺的形狀後置中放上，並在窗戶的反面進行車縫加以固定。

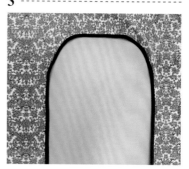

如下列步驟使用外弧度滾邊處理門框的縫份。

將門框的滾邊摺成 4 等份後，進行熨燙以作準備。

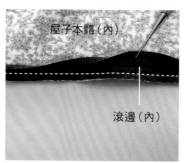

將滾邊的正面疊合於門的反面並加以固定後，沿著門框邊內縮 1cm 處進行車縫。

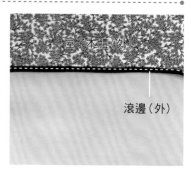

在屋子本體的正面用滾邊將縫份包覆摺起，並沿邊內縮 1mm 處壓線固定。

4

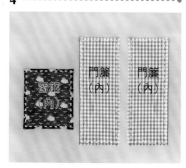

將 2 片門簾和窗簾的四邊框在反面內摺兩次 1cm 並進行車縫。

5

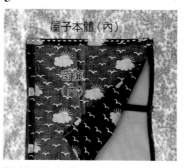

對齊屋子本體反面的窗戶位置將窗簾放上後，在上端部分進行車縫加以固定。

6

在屋子本體反面門的位置上，將 2 片門簾車縫起來加以固定。

7

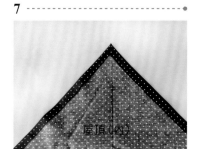

將屋頂頂端內摺 2cm 的縫份後進行熨燙。

8

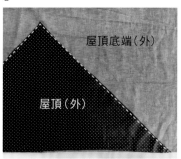

在屋頂底端的正面接上屋頂後，沿邊內縮 2mm 處壓線固定。

9

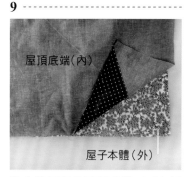

將支撐屋頂的屋頂底端正面和屋子本體的正面相對重疊。

進行車縫後，縫份拷克處理。

10

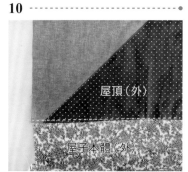

將縫份往屋頂方向倒並進行熨燙後，在正面內縮 2mm 處壓線固定。

11

將已完成屋子整體的四邊框在反面內摺兩次 1cm，並進行車縫以收尾。

28
雙面環保購物袋

難易指數	★☆☆☆☆

準備材料：棉質或亞麻布料、貼布繡專用毛氈、
　　　　　　接著襯

各尺寸裁剪

裁剪結構	表布	裡布	提把
布料大小	22 × 28cm （2片）	22 × 28cm （2片）	8 × 30cm （2片）

- 表布、裡布方面指的是不包含縫份的尺寸；
  縫份為四邊各外加 1cm。
- 提把的部分則包含了縫份。

Props
80p

How To Make

1

對齊提把布料反面的中央線後貼
上寬 2.5cm 的接著襯，摺成 4 等
份後進行熨燙。

2

在提把正面開口的那一邊內縮
1mm 處車縫固定以作準備。

3

在提袋表布的正面車縫上貼布繡
裝飾。若以 Z 字形縫法處理，則
更能牢固地縫合。

提袋表布（外）

4

把表布及裡布的正面分別相對重疊,並車縫左、右、底端。此時,在裡布的其中一側邊預留 10cm 的開口後,將其餘部分車縫。

5

將表布翻回正面後,在適當的位置縫上提把。使提把邊緣疊合於表布袋口後,在內縮 5mm 處進行車縫。

6

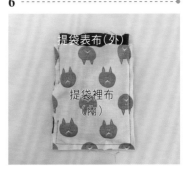

把步驟 5 完成的表布套入步驟 4 製作的裡布內。

7

把表布及裡布的正面相對重疊,袋口相互對齊好後,沿邊內縮 1cm 處車縫一圈。

8

透過裡布的開口翻回正面後,在開口內縮 1mm 處縫合固定。

9

將裡布塞入表布內後,熨燙袋形即完成。

29
改 良 家 居 鞋

難易指數 | ★☆☆☆☆

準備材料：白色家居鞋、印染顏料、丙烯顏料、毛筆、
裝飾用配件（鈕釦、毛球等）

Props
82p

How To Make

1

在白色家居鞋上用印染顏料塗上
底色。

TIP 用少量水將印染顏料稀釋後使
用，並用吹風機加熱吹乾。也可塗
成多種顏色。

2

畫上圖案或是以縫線、熱熔膠將
鈕釦、毛球等配件縫上或黏貼裝
飾完成。

模特兒 **Lee Dayeon**

曾拍攝過首爾乳品、HOBAN
建設、Hershey's Kisses、
三星空調等多個廣告。

國家圖書館出版品預行編目資料

易學好上手的韓系童裝：專為身高85~135cm孩子設計的29款舒適童裝與雜貨 / 梁世娟作. -- 初版. -- 新北市：飛天手作, 2019.11
　　面；　公分. --(玩布生活；28)
　ISBN 978-986-96654-6-9 (平裝)

1.服裝設計 2.童裝

423.25　　　　　　　　　　108017586

玩布生活 028

易學好上手的韓系童裝
專為身高85～135cm孩子設計的29款舒適童裝與雜貨

作　　者／梁世娟
總 編 輯／彭文富
編　　輯／潘人鳳
翻　　譯／林昱廷
排　　版／April
出 版 者／飛天手作興業有限公司
地　　址／新北市中和區中正路872號6樓之2
電話／(02)2222-2260．傳真／(02)2222-1270
廣告專線／(02)22227270．分機12 邱小姐
教學購物網／http://www.cottonlife.com
Facebook／https://www.facebook.com/cottonlife.club
E-mail／cottonlife.service@gmail.com

■發行人／彭文富
■劃撥帳號／50381548　■戶名／飛天手作興業有限公司
■總經銷／時報文化出版企業股份有限公司
■倉庫地址／桃園市龜山區萬壽路二段351號
　電話：(02)2306-6842
初版／2019年11月

Original Title：아이 옷, 메이드 바이 마미
"Baby clothes – Made by Mommy" by Seiyon Yang
Copyright © 2016 GOLDEN TIME
All rights reserved.
Original Korean edition published by GOLDEN TIME.
The Traditional Chinese Language translation © 2019 Flying handmade Co.,Ltd.
The Traditional Chinese translation rights arranged with GOLDEN TIME.
through EntersKorea Co., Ltd., Seoul, Korea.

定價／480元　港幣／160元　ISBN／978-986-96654-6-9　版權所有，翻印必究